土木工程实验教学示范中心

土质学与土力学试验指导书

王　春　主　编
王建设　主　审

人民交通出版社股份有限公司
China Communications Press Co.,Ltd.

内 容 提 要

本书是根据"土质学与土力学"课程编写的土工试验教学指导用书。本书主要包括土的颗粒分析、液塑限试验、击实试验、渗透性试验等9个试验内容。

本书可作为公路、桥梁、隧道等专业学生的土工试验教学用书。

图书在版编目(CIP)数据

土质学与土力学试验指导书／王春主编. — 北京：
人民交通出版社股份有限公司, 2018.4
ISBN 978-7-114-14359-5

Ⅰ. ①土… Ⅱ. ①王… Ⅲ. ①土工试验—教学参考资料 Ⅳ. ①TU41

中国版本图书馆 CIP 数据核字(2018)第 024303 号

土木工程实验教学示范中心

书　　名：	土质学与土力学试验指导书
著 作 者：	王　春
责任编辑：	李　瑞
责任校对：	刘　芹
责任印制：	刘高彤
出版发行：	人民交通出版社股份有限公司
地　　址：	(100011)北京市朝阳区安定门外外馆斜街 3 号
网　　址：	http://www.ccpress.com.cn
销售电话：	(010)59757973
总 经 销：	人民交通出版社股份有限公司发行部
经　　销：	各地新华书店
印　　刷：	北京市密东印刷有限公司
开　　本：	787×1092　1/16
印　　张：	5
字　　数：	112 千
版　　次：	2018 年 4 月　第 1 版
印　　次：	2022 年 5 月　第 3 次印刷
书　　号：	ISBN 978-7-114-14359-5
定　　价：	20.00 元

(有印刷、装订质量问题的图书由本公司负责调换)

前　　言

　　本书是根据"土质学与土力学"专业基础课程教学内容编写的土工试验教学指导用书,在参考现行相关规范和规程的基础上,融入了长安大学公路学院王建设等人多年来的实践经验和教学心得,可适用于公路、桥梁、隧道等专业学生的土工试验教学。

　　本书主要包括土的颗粒分析试验(筛分法和密度计法)、液塑限试验(平衡锥法、搓泥条法及联合液塑限测定仪法)、击实试验、压缩试验、直剪试验(快剪法)、三轴压缩试验(UU)、渗透性试验(常水头渗透和变水头渗透)、黏土矿物成分试验(差热法)、静力触探试验9个试验项目,每个试验项目又包括了试验目的和要求、仪器设备、试样制备、操作步骤、注意事项、结果整理、试验记录7部分内容。

　　本书在编写过程中得到了长安大学实验室管理处、公路学院的大力支持和帮助,在此表示衷心的感谢。

　　由于编者水平有限,书中难免存在不当之处,恳请读者批评指正。

编　者

2018 年 1 月于长安大学

目　录

试验一 土的颗粒分析试验

土的颗粒分析试验就是测定土中不同大小土粒占总土样质量百分数的试验方法,通常包括筛分法和沉降分析法(密度计法或移液管法),其中筛分法适用于粒径大于 0.075mm 的土粒,而沉降分析法则适用于粒径小于 0.075mm 的土粒,最后将筛分法和沉降分析法的结果综合在一起就可以得到完整的土样颗粒组成。本试验仅对筛分法和密度计法进行介绍。

一、筛 分 法

1. 目的和要求

目的:测定土中颗粒直径大于 0.075mm、小于或等于 60mm 的土中各种粒径的质量百分数,为土的定名提供依据。

要求:通过试验,掌握土中粒径大于 0.075mm 的土颗粒组成分析过程。

2. 仪器设备

(1)粗筛:圆孔,孔径为 60mm、40mm、20mm、10mm、5mm、2mm。

(2)细筛:孔径为 2.0mm、1.0mm、0.5mm、0.25mm、0.075mm。

(3)天平:称量 5 000g,感量 1g;称量 1 000g,感量 0.1g;称量 200g,感量 0.01g。

(4)摇筛机:筛细粒过程中应能上下振动。

(5)其他:烘箱、搪瓷盘、筛刷、木碾、研钵、带橡皮头的研杵等。

3. 试样制备

从风(烘)干松散的土样中,用四分法按照表 1-1 规定取出具有代表性的试样。当试样质量小于 500g 时,精确至 0.1g;大于 500g 时,精确至 1g。

取 样 数 量 表 1-1

土中最大粒径尺寸(mm)	取样数量(g)
<2	100 ~ 300
<10	300 ~ 900
<20	1 000 ~ 2 000
<40	2 000 ~ 4 000
>40	4 000 以上

4. 试验操作步骤

（1）对于砂性土，按以下步骤进行：

①将试样过 2mm 筛，分别称筛上和筛下的土样质量。

当筛下的试样质量小于试样总质量的 10% 时，不作细筛分析；筛上的试样质量小于试样总质量的 10% 时，可不作粗筛分析。

②取筛上试样倒入依次叠好的粗筛中，筛下试样倒入依次叠好的细筛中，进行筛析。细筛宜置于摇筛机上振筛，振筛时间宜为 10 ~ 15min。按由上而下的顺序将各筛取下，称量各级筛上及筛底内试样的质量，精确至 0.1g。

③筛后各筛及筛底中试样质量的总和与筛前试样总质量的差值，不得大于筛前试样总质量的 1%。

（2）对于含有黏土颗粒的砂砾土，应按照下列步骤进行：

①将土样用木碾充分碾散、拌匀、烘干，然后按表 1-1 规定称取代表性试样，置于盛水容器中浸泡并充分搅拌，使试样的粗细颗粒分离。

②将试样悬液过 2mm 筛（边冲洗边过筛，直至筛上仅留大于 2mm 的土粒为止），取筛上试样烘干，称烘干试样质量（精确至 0.1g），并按砂性土的步骤②、③进行粗筛分析。

③用带橡皮头的研杵研磨 2mm 筛下的悬液，过 0.075mm 筛，然后再对 0.075mm 筛上试样加水、搅拌、研磨、过筛，如此反复进行，直至悬液澄清。最后将筛上试样烘干，称烘干试样质量（精确至 0.1g），并按砂性土的步骤②、③进行细筛分析。

④用试样总质量减去大于 2mm 颗粒质量及 2 ~ 0.075mm 颗粒质量即为小于 0.075mm 颗粒质量。

⑤当粒径小于 0.075mm 的试样质量大于试样总质量的 10% 时，应按密度计法或移液管法测定粒径小于 0.075mm 的颗粒组成。

5. 注意事项

（1）在操作过程中，应注意不要使土粒损失，以免影响试样总质量。

（2）土在研磨时，不要用锤击，以防将砂粒击碎。

6. 结果整理

（1）按下式计算小于某粒径颗粒的质量百分数：

$$P = \frac{m_A}{m_B} \times 100 \tag{1-1}$$

式中：P——小于某粒径的试样质量占试样总质量的百分比，%；

m_A——小于某粒径的试样质量，g；

m_B——试样的总质量，g。

（2）以小于某粒径的颗粒质量百分数 $P(\%)$ 为纵坐标，粒径 $D(mm)$ 为横坐标，绘制土颗粒级配曲线。

7. 试验记录（表 1-2，图 1-1）

颗粒分析试验（筛分法） 表 1-2

班级：_____ 姓名：_____ 试验日期：_____年____月____日

试验小组：_____ 土样编号：_____ 土样说明：_____

风干土质量 =	g	2mm 筛上土质量 =	g
风干土含水率 =	%	2mm 筛下土质量 =	g
干土质量 =	g	<2mm 占总土质量百分数 =	%
<0.075mm 占总土质量百分数 =	%	<2mm 取样试样质量 =	g

孔径 （mm）	留筛土质量 （g）	累计留筛土质量 （g）	小于该孔径的 土质量(g)	小于该孔径的土 质量百分数（%）	备注
60					
40					
20					
10					
5					
2					
1					
0.5					
0.25					
0.075					

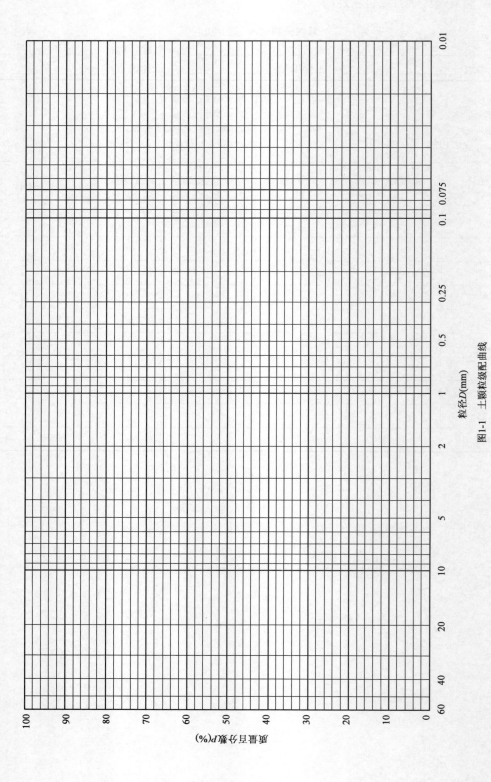

图1-1 土颗粒级配曲线

二、密度计法

1. 目的和要求

目的:应用 stokes 沉降原理,测定土中颗粒直径小于 0.075mm 的各种粒径的质量百分数,为土的定名提供依据。

要求:掌握沉降原理的概念、应用条件,以及应用密度计(本试验采用乙种密度计)进行颗粒分析的方法、操作步骤、数据处理计算方法。

2. 仪器设备

(1)密度计:乙种密度计(刻度单位以 20℃ 时悬液的比重❶表示)刻度为 0.996 0 ~ 1.020 0,最小分度值为 0.000 2。

(2)量筒:容积为 1 000mL,内径为 60mm,高度为(350 ± 10)mm,刻度为 0 ~ 1 000mL。

(3)洗筛漏斗:上口直径略大于洗筛直径,下口直径略小于量筒直径,洗筛孔径为 0.075mm。

(4)天平:称量 1 000g,感量 0.1g;称量 200g,感量 0.01g。

(5)温度计:刻度 0 ~ 50℃,精度 0.5℃。

(6)煮沸设备:电热板或电砂浴。

(7)搅拌器:底板直径为 50mm,孔径为 3mm。

(8)三角烧瓶:容积为 500mL。

(9)其他:秒表、带橡皮头的研杵及研钵、适合于不同土质的化学分散剂[六偏磷酸钠(对加入六偏磷酸钠后产生凝聚的土,应选用其他分散剂)或焦磷酸钠等]、蒸馏水等。

3. 试样制备

采用具有代表性的风干土样 200 ~ 300g,并测定试样的风干含水率。将试样充分碾散,通过 2mm 筛,并按下式计算试样干质量为 30g 时,所需风干土质量。称量准确至 0.01g。

$$m = m_s(1 + 0.01w) \tag{1-2}$$

式中:m——风干土质量,g;

m_s——密度计分析所需干土质量,g;

w——风干土的含水率,% 。

4. 操作步骤

(1)称取按式(1-2)所计算的土质量,倒入三角烧瓶,注入蒸馏水 200mL,按规定加入分散剂[六偏磷酸钠(4%浓度)10mL 或焦磷酸钠 0.75g],浸泡过夜。

(2)将浸泡过夜的悬液过 0.075mm 筛,把留在筛上的试样用水冲洗入蒸发皿内,倒去清水,烘干,称烘干试样质量,并按筛分法求筛上各粒径的质量百分数。过筛的悬液则倒回三角

---

❶相对密度的旧称。本书沿用《公路土工试验规程》(JTG E40—2000)的叫法。

烧瓶内,在煮沸设备上煮沸,煮沸的时间宜为40min。

(3)悬液冷却后倒入量筒,并用蒸馏水冲洗三角烧瓶,洗液全部注入量筒,然后加蒸馏水至1 000mL。

(4)用搅拌器沿悬液深度上下搅拌1min,使悬液上下均匀(图1-2),取出搅拌器,同时开动秒表,将密度计放入悬液中(图1-3),分别测记1min、2min、5min、15min、30min、60min、120min、240min、1 440min时的密度计读数。

(5)密度计读数均以弯液面上缘为准(图1-4),读数应精确至0.000 2。每次读完数后应立即取出密度计,放入另外盛有蒸馏水的量筒中,并同时测定这一时刻的悬液温度,精确至0.5℃。

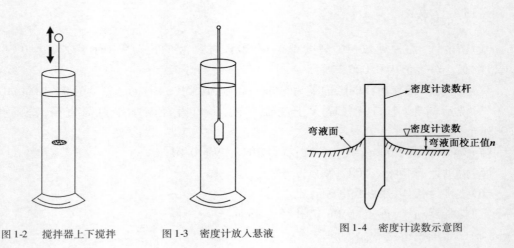

图1-2　搅拌器上下搅拌　　　图1-3　密度计放入悬液　　　图1-4　密度计读数示意图

5. 注意事项

(1)试验中悬液搅拌具体时间,应根据悬液是否已搅拌均匀来确定。
(2)密度计应放在量筒中央适当位置,慢慢放入,以免密度计上下跳动或触底而破碎。
(3)对含水溶性盐的土,应先进行洗盐处理。

6. 结果整理

(1)按下式计算土颗粒的粒径:

$$D = \sqrt{\frac{1\ 800 \times 10^4 \eta}{(G_s - G_{wT})\rho_{w4}g} \cdot \frac{L}{t}} = K\sqrt{\frac{L}{t}} \tag{1-3}$$

式中:D——试样颗粒粒径,mm;

　　η——蒸馏水随温度变化的动力黏滞系数(查表1-3),10^{-4}kPa·s;

　　G_s——土粒比重;

　　G_{wT}——温度为T℃(悬液温度)时水的比重;

　　ρ_{w4}——温度为4℃时水的密度,g/cm³;

　　g——重力加速度,$g = 981$cm/s²;

L——相应于时间 t 的土粒有效沉降距离，cm；

t——沉降时间，s；

K——粒径计算系数，$K = \sqrt{\dfrac{1\ 800 \times 10^4 \eta}{(G_s - G_{wT})\rho_{w4}g}}$。

水随温度而变化的黏滞系数 表1-3

水温(℃)	黏滞系数 η	水温(℃)	黏滞系数 η	水温(℃)	黏滞系数 η
8	0.013 87	14	0.011 75	20	0.010 10
9	0.013 48	15	0.011 45	21	0.009 86
10	0.013 10	16	0.011 16	22	0.009 63
11	0.012 74	17	0.010 88	23	0.009 63
12	0.012 40	18	0.010 61	24	0.009 20
13	0.012 07	19	0.010 35	25	0.008 99

（2）计算小于某粒径的颗粒质量百分数。

根据每一读数 R_a，先作弯液面校正、沉降距离校正（如果采用 TM-85 型密度计，则可免除前两项校正）、温度校正及分散校正，然后得 R_1，按下式计算小于某粒径的颗粒质量百分数：

$$P = \frac{C_G \times V}{m_s} \times R_1 \times 100 \qquad (1-4)$$

式中：P——小于某粒径的颗粒质量百分数，%；

C_G——土粒比重校正系数，$C_G = G_s/(G_s - 1)$，可查表1-4，G_s 为土粒比重；

V——悬液体积，$V = 1\ 000\text{mL}$；

R_1——校正后的密度计读数；

m_s——试样的干土质量，g。

土粒比重校正系数 C_G 值 表1-4

G_s	2.50	2.52	2.54	2.56	2.58	2.60	2.62	2.64	2.66	2.68
C_G	1.666	1.658	1.649	1.641	1.632	1.625	1.617	1.609	1.603	1.595
G_s	2.70	2.72	2.74	2.76	2.78	2.80	2.82	2.84	2.86	2.88
C_G	1.588	1.581	1.575	1.568	1.562	1.556	1.549	1.543	1.538	1.532

（3）以小于某一粒径的颗粒质量百分数 P（%）为纵坐标，粒径 D（mm）的对数为横坐标，在半对数坐标纸上绘制土颗粒级配曲线，求出各粒组的颗粒质量百分数，以整数表示。

7. 试验记录（表1-5、图1-5）。

土颗粒大小分析（TM-85 型乙种密度计）试验记录表

班级：_____
试验小组：_____
姓名：_____
土样编号：_____

试验日期：____年____月____日　　表 1-5

干土质量 m_s = _____ g　　弯液面校正值 n = _____　　土粒比重校正系数（查表 1-4）

土粒比重 G_s = _____　　分散剂：_____　　$C_G = \dfrac{G_s}{G_s - 1} =$

土样通过 2.0mm 筛的百分率 $P_{2.0}$ = _____ %　　分散剂量：_____　　$M = \dfrac{100V}{m_s} \cdot C_G =$ 　（$V = 1\,000\text{mL}$）

试样编号：_____　　密度计编号：_____　　试验者：_____

量筒编号：_____　　量筒内载面面积：_____ cm²　　复核者：_____

①		②	③	④	⑤	⑥	⑦	⑧	⑨	⑩	⑪	⑫	⑬	⑭
测定时间	沉降时间 t	乙种密度计弯液面缘读数		悬液温度 T（精确至 0.5℃）	弯液面校正	粒径 D					乙种密度计温度 20℃校正值	20℃土样浮质量 R_1（校正后的密度计读数）	<D(mm) 的质量百分数	折合总质量的百分数
		在 20℃蒸馏水加分散剂中的读数 R_0	在悬液中的读数 R_a			有效沉降距离 L	下沉速度 $v=L/t$	$\sqrt{\dfrac{L}{t}}$（小数点后保留 3 位有效数字）	粒径计算系数 K	D（保留 3 位有效数字）			P	$P \times P_{2.0}$
		—	—	—	③+n	查图	⑥/t	$\sqrt{⑦}$	查表 1-6	⑧×⑨	查表 1-7	⑤−②+⑪	⑫×M	
h:min	min	g/cm³	g/cm³	℃	g/cm³	cm	cm/min	$\sqrt{\text{cm/s}}$		mm		g/cm³	%	%
—	1													
—	2													
—	5													
—	15													
—	30													
—	60													
—	120													
—	240													
—	1 440													

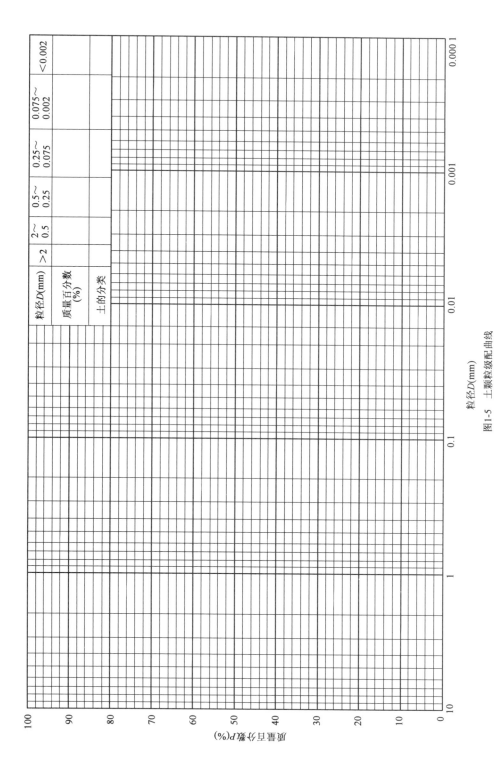

图1-5 土颗粒级配曲线

9

粒径计算系数 *K* 值

表 1-6

悬液温度 （℃）	土 粒 比 重							
	2.50	2.55	2.60	2.65	2.70	2.75	2.80	2.85
10	0.126 7	0.124 7	0.122 7	0.120 8	0.118 9	0.117 3	0.115 6	0.114 1
11	0.124 9	0.122 9	0.120 9	0.119 0	0.117 3	0.115 6	0.114 0	0.112 4
12	0.123 2	0.121 2	0.119 3	0.117 5	0.115 7	0.114 0	0.112 4	0.110 9
13	0.121 4	0.119 5	0.117 5	0.115 8	0.114 1	0.112 4	0.110 9	0.109 4
14	0.120 0	0.118 0	0.116 2	0.114 9	0.112 7	0.111 1	0.109 5	0.108 0
15	0.118 4	0.116 5	0.114 8	0.113 0	0.111 3	0.109 6	0.108 1	0.106 7
16	0.116 9	0.115 0	0.113 2	0.111 5	0.109 8	0.108 3	0.106 7	0.105 3
17	0.115 4	0.113 5	0.111 8	0.110 0	0.108 5	0.106 9	0.104 7	0.103 9
18	0.114 0	0.112 1	0.110 3	0.108 6	0.107 1	0.105 5	0.104 0	0.102 6
19	0.112 5	0.110 8	0.109 0	0.107 3	0.105 8	0.103 1	0.102 6	0.101 4
20	0.111 1	0.109 3	0.107 5	0.105 9	0.104 3	0.102 9	0.101 4	0.100 0
21	0.109 9	0.108 1	0.106 4	0.104 7	0.103 3	0.101 8	0.100 3	0.099 0
22	0.108 5	0.106 7	0.105 0	0.103 5	0.101 9	0.100 4	0.099 0	0.097 7
23	0.107 2	0.105 5	0.103 8	0.102 3	0.100 7	0.099 3	0.097 9	0.096 6
24	0.106 1	0.104 4	0.102 8	0.101 2	0.099 7	0.098 2	0.096 0	0.095 6
25	0.104 7	0.103 1	0.101 4	0.099 9	0.098 4	0.097 0	0.095 7	0.094 3
26	0.103 5	0.101 9	0.100 3	0.098 8	0.097 3	0.095 9	0.094 6	0.093 3
27	0.102 4	0.100 7	0.099 2	0.097 7	0.096 2	0.094 8	0.093 5	0.092 3
28	0.101 4	0.099 8	0.098 2	0.096 7	0.095 3	0.093 9	0.092 6	0.091 3
29	0.100 2	0.098 6	0.097 1	0.095 6	0.094 1	0.092 8	0.091 4	0.090 3
30	0.099 1	0.097 5	0.096 0	0.094 5	0.093 1	0.091 8	0.090 5	0.089 3

乙种密度计 20℃温度校正值

表 1-7

悬液温度（℃）	温度校正值	悬液温度（℃）	温度校正值	悬液温度（℃）	温度校正值
10.0	− 0.001 2	17.0	− 0.000 5	24.0	+ 0.000 8
10.5	− 0.001 2	17.5	− 0.000 4	24.5	+ 0.000 9
11.0	− 0.001 2	18.0	− 0.000 3	25.0	+ 0.001 0
11.5	− 0.001 1	18.5	− 0.000 3	25.5	+ 0.001 1
12.0	− 0.001 1	19.0	− 0.000 2	26.0	+ 0.001 3
12.5	− 0.001 0	19.5	− 0.000 1	26.5	+ 0.001 4
13.0	− 0.001 0	20.0	0.000 0	27.0	+ 0.001 5
13.5	− 0.000 9	20.5	+ 0.000 1	27.5	+ 0.001 6
14.0	− 0.000 9	21.0	+ 0.000 2	28.0	+ 0.001 8
14.5	− 0.000 8	21.5	+ 0.000 3	28.5	+ 0.001 9
15.0	− 0.000 8	22.0	+ 0.000 4	29.0	+ 0.002 1
15.5	− 0.000 7	22.5	+ 0.000 5	29.5	+ 0.002 2
16.0	− 0.000 6	23.0	+ 0.000 6	30.0	+ 0.002 3
16.5	− 0.000 6	23.5	+ 0.000 7		

试验二　土的液塑限试验

液限和塑限在国际上称为阿太堡界限,是表征黏性土物理性质的重要指标,分别是区分土的可塑状态与流动状态以及可塑状态与半固体状态的界限含水率。液塑限测定方法有平衡锥法、碟式仪法、搓泥条法和联合测定仪法等,本试验仅对平衡锥法、搓泥条法和联合测定仪法进行介绍。

本试验的目的和要求如下。

目的:测定黏性土的液限和塑限,计算其塑性指数,为黏性土的定名提供依据。

要求:通过试验,加深理解黏性土随含水率变化的物理特性,掌握测定土的塑限、液限的方法和步骤,以及运用塑性指数对黏性土定名的方法。

一、平衡锥法、搓泥条法

1. 仪器设备

(1)平衡锥:质量76g,锥尖夹角30°,锥尖至锥面最高刻度线的距离17mm;金属底座,金属试样杯(直径50mm,高度40~50m),见图2-1。

(2)天平:称量200g,感量0.01g。

(3)烘箱、干燥器。

(4)其他:毛玻璃板(20cm×30cm)、铝盒、调土刀、调土皿、筛(孔径0.5mm)、研钵及带橡皮头的研杵、吸管、凡士林、蒸馏水、小刀等。

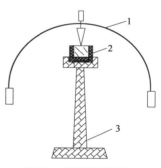

图2-1　平衡锥示意图
1-平衡锥;2-试样杯;3-底座

2. 试样制备

试样宜采用风干土样和天然含水率土样,通过0.5mm筛,且有机质含量小于5%的土。

3. 操作步骤

(1)液限平衡锥法

①取0.5mm筛下的代表性试样200g,放入调土皿中,加一定数量的蒸馏水,调匀制成一定稠度的试样,盖上湿布,放置18h以上。

②将制备的试样搅拌均匀,填入试样杯中,试样较干时应充分搓揉,密实地填入试样杯中,填满后刮平表面。

③将试样杯放在平衡锥的底座上,在锥面上抹一薄层凡士林,两指捏住平衡锥手柄,保持锥体垂直。当锥尖与土样表面刚好接触的时候,轻轻松手让平衡锥靠着自重自由下落沉入土样中。

④在平衡锥松手的同时,开始计时,并在平衡锥下落 5s 时判断其锥入深度,如果 5s 时锥入深度恰好是 17mm,则此时试样杯内土的含水率即为所测土样的液限值。

⑤如果平衡锥下落 5s 时,锥入深度小于或大于 17mm,则说明杯内试样含水率低于或高于液限值,此时应用小刀挖除试样杯内沾有凡士林的土,然后将剩余土样全部取出,并放入调土皿中,与调土皿中之前剩余土样一起,再适当加水或略作风干(根据锥入深度小于或大于 17mm 确定)后重新搅拌均匀,然后再重复步骤②~④。

⑥当锥入深度满足要求时,取出锥体,用小刀挖除沾有凡士林的土,然后取锥孔附近土样 15~20g,放入一个铝盒内,将盒盖盖好。

⑦将试样杯内剩余土样取出与调土皿中剩余土样重新搅拌均匀,再重复步骤②~④进行平行试验。当锥入深度仍然满足要求时,按步骤⑥要求再次取样放入另一个铝盒内。

⑧测定两个铝盒土样的含水率,两个铝盒为平行试验,其差值应不大于 2%。满足要求时计算其平均含水率作为此土样的液限值。

(2)塑限搓泥条法

①取 0.5mm 筛下的代表性试样 200g,放入调土皿中,加一定数量的蒸馏水,调匀制成一定稠度的试样,盖上湿布,放置 18h 以上。

②将制备的试样搅拌均匀,取 8~10g 捏成条,然后放在毛玻璃板上(毛面)用手掌边缘一侧与土条平行方向均匀施加压力轻轻揉搓。

③当搓至土条直径接近 3mm 时,土条表面出现裂缝,当继续搓至 3mm 时,土条断裂成 8~10mm 的小土条,此时说明所搓土条的含水率即为其塑限含水率,然后取断裂成 8~10mm 的小土条至少 8 条以上放入一个铝盒,盖紧盒盖;再进行平行试验,要求至少进行两次平行测定,最后取其平均含水率作为所测土样的塑限值。

④如果土条直径搓至 3mm 时仍未产生裂缝或未搓至 3mm 时已开始断裂,则说明试样的含水率高于或低于塑限含水率,此时都应重新取样进行试验。

4. 注意事项

(1)将制备好的土样装入试样杯时,土中不能留有空隙,即装满土样的试样杯中不允许有密闭气体存在。

(2)判断平衡锥锥尖是否与土样表面刚好接触时以及锥入深度是否刚好 17mm 时,视线都应与土杯表面平齐,即沿土杯表面平视。

(3)搓泥条时,土条长度不宜超过手掌宽度,且在任何情况下都不能出现空心情况。

(4)若土条在任何含水率下都始终搓不到 3mm 即开始断裂,则认为该土无塑性。

(5)不论液限还是塑限测试,在制备试样时,加水量都应由少至多,逐渐让土样含水率接近液限值或塑限值,以尽量减少试验次数。

5. 结果整理

(1)液限值应按下式计算:

$$w_L = \frac{m_2 - m_1}{m_1 - m_0} \times 100 \qquad (2\text{-}1)$$

式中：w_L——液限，%，精确至 0.1%；

  m_0——铝盒质量，g；

  m_1——铝盒加干土质量，g；

  m_2——铝盒加湿土质量，g。

（2）塑限值应按下式计算：

$$w_P = \frac{m_2 - m_1}{m_1 - m_0} \times 100 \tag{2-2}$$

式中：w_P——塑限，%，精确至 0.1%；

  m_0——铝盒质量，g；

  m_1——铝盒加干土质量，g；

  m_2——铝盒加湿土质量，g。

（3）塑性指数应按下式计算：

$$I_P = w_L - w_P \tag{2-3}$$

式中：I_P——塑性指数（习惯上用不带"%"的数值表示），精确至 0.1；

  w_L——液限含水率，%；

  w_P——塑限含水率，%。

6. 试验记录（表 2-1）

液塑限试验结果 表 2-1

班级：_____ 姓名：_____ 试验日期：_____年____月____日

试验小组：_____ 土样编号：_____ 土样说明：_____

试验项目			液　限		塑　限	
			1	2	1	2
含水率	铝盒编号		①			
	盒+湿土质量	g	②			
	盒+干土质量	g	③			
	盒质量	g	④			
	水分质量	g	⑤=②－③			
	干土质量	g	⑥=③－④			
	含水率	%	⑦=⑤/⑥			
	平均含水率	%	⑧			

液限 w_L = _____%，塑限 w_P = _____%，塑性指数 I_P = _____

二、联合测定仪法

1. 仪器设备

(1)液塑限联合测定仪:锥体质量 76g 或 100g,锥角 30°,锥尖至锥面最高刻度线的距离 17mm 或 20mm,金属试样杯(直径 50mm,高度 40~50mm)。

(2)天平:称量 200g,感量 0.01g。

(3)烘箱、干燥器。

(4)其他:筛(孔径 0.5mm)、调土刀、调土皿、称量盒、研钵及带橡皮头的研杵、吸管、凡士林、蒸馏水等。

2. 试样制备

试样宜采用风干土样或天然含水率土样,通过 0.5mm 筛下部分,且有机质含量小于 5% 的土。

3. 操作步骤

(1)取 0.5mm 筛下的代表性试样 200g,分成 3 份,放入调土皿中,加不同数量的蒸馏水,制成不同稠度的试样。试样的含水率宜分别接近液限(a 点)、塑限(c 点)和二者中间的 b 点状态。将试样调匀,盖上湿布,放置 18h 以上。

(2)将制备的试样搅拌均匀,填入试样杯中,对较干的试样应充分搓揉,密实地填入试样杯中,填满后刮平表面。

(3)将试样杯放在联合测定仪升降座上,在圆锥上抹一薄层凡士林,接通电源,使电磁铁吸住圆锥。

(4)调整零点,调升降座,使圆锥尖接触试样表面,指示灯亮时圆锥在自重作用下自行沉入试样,5s 时自动停止下落,读圆锥下沉深度,取出试样杯,去掉锥尖入土处含凡士林的土,再取 10g 以上的土样两个,分别装入两个铝盒内,称量(准确至 0.01g),测定其含水率 w_1、w_2(计算到 0.1%),计算含水率平均值 w。

(5)以相同步骤分别测定三个试样的圆锥下沉深度和相应的含水率。

4. 注意事项

液塑限联合测定时,土体含水率均匀性及试样填入杯中密实与否,对试验精度影响极大,因此制备的三个土样的含水率值差应大,尤其是含水率接近塑限时,土样应充分调匀,再密实地压入试样杯中,然后刮平。

5. 结果整理

(1)在双对数坐标上,以含水率 w 为横坐标,锥入深度为纵坐标,点绘三个不同含水率的 h-w 图(图 2-2),此三点应在一条直线上,将其用直线连接。如三点不在同一直线上,可将较高含水率的点与其余点的重心点连成直线。

(2)在 h-w 图(图 2-2)上,查得纵坐标锥入深度 h = 17mm 或 h = 20mm 所对应的横坐标的含水率,即为该土样的液限 w_L。

（3）采用76g锥时,土的塑限确定方法是先根据简单鉴别确定土类,对黏性土、粉性土取锥入深度2mm,对可搓成条的砂性土取锥入深度5mm,对难搓条的砂性土取锥入深度10mm,在相应的 h-w 图2-2上查对应的含水率,即为该土样的塑限 w_P。

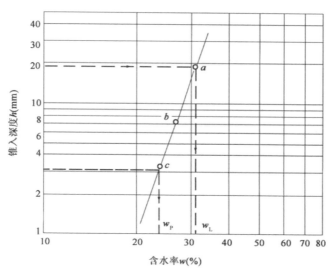

图2-2 锥入深度与含水率(h-w)关系曲线

（4）采用100g锥时,根据第（2）步求出的液限,通过液限与塑限时锥入深度的相关关系式（2-4）（或图2-3）求得 h_P,再由 h_P 在图2-2的 h-w 关系曲线上查得塑限含水率 w_P。

$$h_P = \frac{w_L}{0.524w_L - 7.606} \tag{2-4a}$$

$$h_P = 29.6 - 1.22w_L + 0.017w_L^2 - 0.000\,074\,4w_L^3 \tag{2-4b}$$

其中:对于细粒土,根据式（2-4a）计算;对于砂粒土,根据式（2-4b）计算。

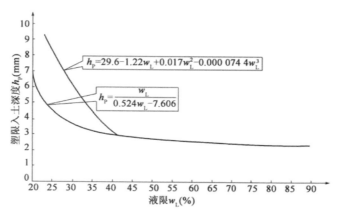

图2-3 h_P-w_L关系曲线

（5）按下式计算黏性土的塑性指数:

$$I_P = w_L - w_P \tag{2-5}$$

式中: I_P —— 塑性指数,精确至0.1;

w_L——液限含水率,%；

w_P——塑限含水率,%。

6. 试验记录(表2-2)

液塑限联合试验

表 2-2

班级：_____   姓名：_____   试验日期：_____年____月___日

试验小组：_____   土样编号：_____   土样说明：_____

试 验 项 目			1		2	3
锥入深度 h(mm)						
含水率	铝盒编号	①				
	盒 + 湿土质量 g	②				
	盒 + 干土质量 g	③				
	盒质量 g	④				
	水分质量 g	⑤ = ② − ③				
	干土质量 g	⑥ = ③ − ④				
	含水率 %	⑦ = ⑤/⑥				
	平均含水率 %	⑧				

液限 w_L = _____% , 塑限 w_P = _____% , 塑性指数 I_P = _____

试验三 土的击实试验

击实试验就是模拟施工现场压实条件,采用锤击方法使土体密度增大、强度提高、沉降变小的一种试验方法,是研究土的压实性能的室内试验方法。击实试验又分轻型击实和重型击实两种(表 3-1),试验时应根据土质、施工机具、道路等级要求的标准采用相应的击实方法,本试验只介绍轻型击实(Ⅰ-1)。

击实方法种类及试样材料用量   表 3-1

试验方法	类别	锤底直径(cm)	锤重(kg)	落距(cm)	试样尺寸			层数	每层击实次数	试料用量(kg)	击实功(kJ/m³)	试样最大粒径(mm)
					直径(cm)	高(cm)	体积(cm³)					
轻型(Ⅰ法)	Ⅰ-1	5	2.5	30	10	12.7	997	3	27	3	598.2	20
	Ⅰ-2	5	2.5	30	15.2	12	2 177	3	59	6	598.2	40
重型(Ⅱ法)	Ⅱ-1	5	4.5	45	10	12.7	997	5	27	3	2 687.0	20
	Ⅱ-2	5	4.5	45	15.2	12	2177	3	98	6	2 677.2	40

1. 目的和要求

目的:应用标准击实试验方法,在一定击实功下测定各种细粒土、含砾土等的含水率与干密度的关系,从而确定土的最佳含水率与最大干密度,作为工程上土基压实质量控制的依据。

要求:通过试验掌握标准击实仪的构造及使用方法,并学会整理分析试验结果,确定最佳含水率与最大干密度,了解现场压实质量控制指标与室内试验结果之间的关系。

2. 仪器设备

(1)标准击实仪,见图 3-1、图 3-2。

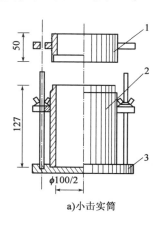 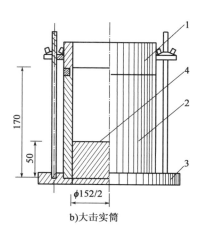

a)小击实筒   b)大击实筒

图 3-1　击实筒(尺寸单位:mm)
1-套筒;2-击实筒;3-底座;4-垫块

（2）天平：称量 200g，感量 0.01g。

（3）台秤：称量 10kg，感量 5g。

（4）圆孔筛：孔径 5mm 筛 1 个。

（5）其他：烘箱、干燥器、铝盒、喷水器、拌土铁盘、碾土器、土铲、量筒、推土器、削土刀、平直尺等。

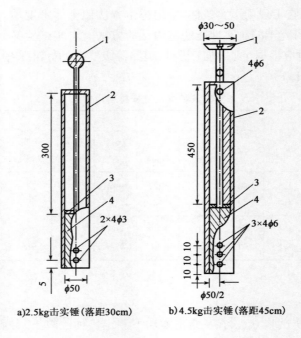

a)2.5kg击实锤(落距30cm)　　b)4.5kg击实锤(落距45cm)

图 3-2　击实锤和导筒(尺寸单位:mm)
1-提手;2-导筒;3-硬橡皮垫;4-击实锤

3. 试样制备

击实试验的试样制备分干法和湿法,本试验采用干法(即加水法),取代表性风干土样 3kg(轻型击实),碾碎过 5mm 筛,将筛下的土样拌匀,并测定土样的风干含水率待用。

4. 操作步骤

（1）称取通过 5mm 筛的制备土样 2.5kg。

（2）根据土样风干含水率,参照土的塑限(试验室提供),估计土样最佳含水率,以此给定 5～6 个不同的含水率,依次差约 2%,且其中至少有两个大于和两个小于最佳含水率。

（3）将取好的风干土样摊铺于拌土铁盘内,按给定含水率由少至多,先喷洒给定的第一个含水率的水,并将土样充分拌和均匀,然后用塑料袋包起来闷一夜备用。

（4）将击实筒(底座、击实筒、套筒安装好后)放于坚实的地面上,在筒底放置一张蜡纸或塑料薄膜,然后取拌和均匀的土样分三层装入击实筒,每层 800～900g(其量应使每层击实后的试样等于或略高于击实筒高的 1/3),整平表面,并稍加压紧,按《公路土工试验规程》(JTG E40—2007)规定,轻型击实(Ⅱ-1)每层击实 27 次,击实锤落距 30cm,击实时锤应垂直自由落下。

（5）第一层击实完成后，用钢尺测量土样高度，满足要求后，将试样层面"拉毛"，然后重复上述步骤进行第二层及第三层土的击实，第三层击实完成后应使击实好的土样略高于筒顶（高出不超过5mm）。

（6）击实完成后，用削土刀沿套筒内壁削刮，使试样与套筒脱离后，扭动并取下套筒，再齐筒顶小心削平试样，拆除底座，擦净击实筒外壁，称重，准确至1g。

（7）用推土器推出筒内试样，从试样中心处取出两小块（每块15~20g）分别装入两个铝盒测定其含水率（结果精确至0.1%），并取平均值作为本次击实土样的含水率。

（8）本试验采用干法重复使用土样，将前一次击实的土样放在拌和铁盘内，捣碎碾散，然后按给定的第二个含水率洒水（实际洒水量应为本次含水率与前一次含水率的差值）拌和，再重复步骤（4）~（7）进行击实和取样测定并计算含水率。

（9）重复步骤（8）直至土的湿密度不再增加，且出现第二次减少为止。

5. 注意事项

（1）按给定含水率加水喷洒时要均匀，土样要充分拌和。

（2）按《公路土工试验规程》（JTG E40—2007）操作时，应至少准备5个试样，且每个加水拌匀后都需闷一夜。

（3）击实时，击实锤应沿击实筒内壁转圈击实，击实锤应垂直自由下落，锤迹必须均匀分布于土样表面，且相邻两次锤印应重合一半。

6. 结果整理

（1）按下式计算土的湿密度：

$$\rho = \frac{m_1 - m_2}{V} \tag{3-1}$$

式中：ρ——土的湿密度，g/cm³；

　　m_1——击实筒加击实土样质量，g；

　　m_2——击实筒质量，g；

　　V——击实筒容积（小击实筒为997cm³），cm³。

（2）按下式计算土的干密度：

$$\rho_d = \frac{\rho}{1 + 0.01w} \tag{3-2}$$

式中：ρ_d——土的干密度，g/cm³；

　　ρ——土的湿密度，g/cm³；

　　w——土的含水率，%，精确至0.1%。

（3）以干密度ρ_d为纵坐标、含水率w为横坐标，绘制干密度与含水率的关系曲线，曲线峰值对应的纵坐标即为土的最大干密度ρ_{dmax}，而峰值对应的横坐标即为土的最佳含水率w_{op}，如连成的曲线没有峰值时应进行补点或重做。

7. 试验记录（表 3-2）

击 实 试 验

表 3-2

班级：_____ 姓名：_____ 试验日期：_____年____月____日

试验小组：_____ 土样编号：_____ 土样说明：_____

击实筒编号：			击实锤重：		kg	土样类别：	
击实筒体积：		cm³	落距：		cm	每层击实次数：	

	试验次数		1	2	3	4	5
干密度	加水量	g					
	筒 + 土质量	g					
	筒质量	g					
	湿土质量	g					
	湿密度	g/cm³					
	干密度	g/cm³					
含水率	盒号	—					
	盒 + 湿土质量	g					
	盒 + 干土质量	g					
	盒质量	g					
	水分质量	g					
	干土质量	g					
	含水率	%					
	平均含水率	%					

击实曲线

$w_{op} =$ _____ %
$\rho_{dmax} =$ _____ g/cm³

说明：

干密度(g/cm³)

含水率(%)

20

试验四　土的压缩试验

压缩试验(也称固结试验)是将天然状态下的原状土或重塑土,制备成一定规格的土样,在不同荷载和完全侧限条件下测定土的压缩变形。压缩试验是研究土的压缩性最基本的方法。

1. 目的和要求

目的:应用固结仪(压缩仪)测定土样在无侧向膨胀条件下,土体压缩变形与荷载的关系曲线,从而求得土的压缩系数、压缩模量,为地基沉降量的计算提供依据。

要求:通过试验加深理解土体在荷载作用下变形的概念,掌握试验原理和步骤,并能整理分析试验结果,计算所需要的参数。

2. 仪器设备

(1)杠杆式固结仪:如图4-1所示,环刀直径为61.8mm(或79.8mm),对应的试样面积为30cm^2(或50cm^2),高度2.0cm,试样顶部透水石直径应小于环刀内径0.2~0.5mm。

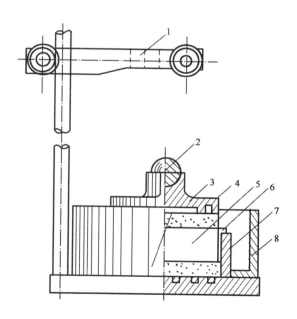

图4-1　压缩容器
1-量表架;2-钢珠;3-传压活塞;4-透水石;5-试样;6-环刀;7-护环;8-压缩容器

(2)加荷设备:加压框架以及与试样面积相应的荷载砝码。

(3)变形量测设备:量程为10mm、最小分度为0.01mm的百分表或零级位移传感器。

(4)其他:天平、秒表、烘箱、削土刀、铝盒等。

3. 试样制备

用环刀切取现场采回的原状土样,或按需要制备一定密度和含水率的重塑土样。切取原状土样时,应使试样在试验时的受压情况与天然土层受荷方向一致。

4. 操作步骤

(1)将已切取土样的环刀上下各盖一张干滤纸,套上护环后刀口向下放入容器中透水石上,然后上端放上透水石、传压活塞及钢珠,置于加压框架正中。

(2)检查加压设备是否灵敏,使杠杆位于升降支架之间,将手轮顺时针方向旋转 1~2 转,然后使加压头对准钢珠,调整加压框架两侧拉杆下端螺母,使框架上抬时容器能自由取放,调节升降杆保持杠杆平衡。

(3)施加 1kPa 的预压荷载,使容器内各部及加压部分均能紧密接触,安装百分表或位移传感器,将百分表或位移传感器调整到零位。

(4)去掉预压荷载立即施加第一级荷载,加载时应避免冲击和摇晃,加载同时开动秒表,加载 10min 后读百分表一次(此时读数系假定变形在该级荷载下已经稳定,实际上并未达到加荷 24h 以上、相邻两次读数变化不超过 0.01mm 的规定稳定标准,只因试验学时所限,作此规定)。

(5)荷载分为五级,加荷顺序为 50kPa、100kPa、200kPa、300kPa、400kPa(荷载系累计增加数值),每次加荷按第一级加荷规定进行,并记录各级荷载下的百分表读数。

(6)最后一级荷载下百分表读数记录后,如需作膨胀试验,可逐级卸荷(卸荷稳定标准与加荷相同),绘制膨胀曲线(即回弹曲线)。

(7)试验结束后,取下砝码按前述步骤相反的程序拆除仪器,取出土样并将压缩仪各部件擦拭干净,装好放回原处。

5. 注意事项

(1)用环刀切取土样时,要求遵循"先削后压,边削边压"的原则。即首先将环刀刀刃向下放于土样上方正中位置,然后用削土刀沿环刀外壁轻轻垂直下削,再用两手大拇指将环刀垂直下压(下压位移量应与下削位移量一致),如此反复再削再压,直至环刀装满土样为止,最后用削土刀沿环刀顶面和底面削平土样。

(2)砝码盘为一级荷载的一部分,故在仪器开始调整时,不能挂上。

(3)加荷卸荷时务必轻取轻放,以免冲击振动影响测试结果。

6. 结果整理

(1)按下式计算试样的天然(或初始)孔隙比:

$$e_0 = \frac{\rho_s(1 + w_0)}{\rho} - 1 \tag{4-1}$$

式中:e_0——土的天然(或初始)孔隙比,计算至 0.01;

ρ_s——土粒密度(数值上等于土粒比重,由试验室提供),g/cm^3;

w_0——土的天然(或初始)含水率(试验室提供);

ρ——土的天然(或初始)密度(环刀法测得),g/cm^3,计算至 0.01。

（2）按下式计算各级荷载下压缩稳定后的孔隙比：

$$e_i = e_0 - \frac{S_i}{h_0}(1 + e_0) \tag{4-2}$$

式中：e_i——某一级荷载下压缩稳定后土的孔隙比，计算至 0.01；

e_0——土的天然孔隙比；

h_0——土样的原始高度（即环刀高度），mm；

S_i——某一级荷载下校正后的土样压缩变形量[指在同级荷载下的累计变形量 S'，减去同级荷载下的仪器变形量 Δ_i（试验室提供），即 $S_i = S' - \Delta_i$]，mm。

（3）绘制孔隙比 e 与压力 p（荷载）关系曲线，如图 4-2 所示。

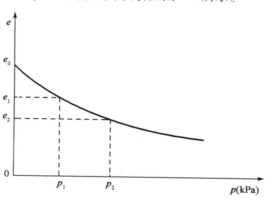

图 4-2　孔隙比与压力关系曲线

（4）计算压缩系数 a 及压缩模量 E_s：

$$a_{1\text{-}2} = \frac{e_1 - e_2}{p_2 - p_1} \tag{4-3}$$

$$E_{s,1\text{-}2} = \frac{p_2 - p_1}{e_1 - e_2}(1 + e_1) = \frac{1 + e_1}{a_{1\text{-}2}} \tag{4-4}$$

式中：$a_{1\text{-}2}$——压力 p_1 与 p_2 间的压缩系数，kPa^{-1}，计算至 0.01；

$E_{s,1\text{-}2}$——与 $a_{1\text{-}2}$ 相应压力范围内的压缩模量，kPa，计算至 0.01；

p_1、p_2——分别为某一级荷载下的压力，kPa；

e_1、e_2——相应于 p_1 和 p_2 压力下的孔隙比。

7. 试验记录（表 4-1、表 4-2）

密度试验（环刀法）

表 4-1

班级：_____　　姓名：_____　　试验日期：_____年____月____日

试验小组：_____　　土样编号：_____　　土样说明：_____

环刀编号		①		
环刀 + 土样质量	g	②		
环刀质量		③		
土样质量		④ = ② − ③		
环刀容积	cm³	⑤		
土样密度 ρ	g/cm³	⑥ = ④/⑤		

23

表 4-2

压缩试验

班级：_____
试验小组：_____

姓名：_____
土样编号：_____

试验日期：_____年_____月_____日
土样说明：_____

土粒密度 ρ_s =	g/cm³						仪器编号：
土样密度 ρ =	g/cm³						环刀编号：
土样含水率 w_0 =	%						试验说明：
土样高度 h_0 =	cm						
土样面积 A =	cm²						
天然孔隙比 e_0 =							

荷载时间 (min)	0	10	10	10	10	10
垂直压力 p (kPa)	0	50	100	200	300	400
累计变形量 S' (mm)						
仪器变形量 Δ_i (mm)						
本级荷载下的累计压缩变形量 S_i (mm)						
孔隙比 e_i						
压缩系数 a_{1-2} (kPa^{-1})						
压缩模量 $E_{s,1-2}$ (kPa)						

压缩曲线图

纵轴：孔隙比 e
横轴：垂直压力 p (kPa)　0　100　200　300　400

试验五　土的直剪试验（快剪法）

土的抗剪强度是指土体在极限状态下，土的一部分对另一部分产生相对滑动（剪切）时的抵抗力，而土的内摩擦角 φ 和内聚力 c，则是抗剪强度的两个重要指标。测定土的抗剪强度指标的试验方法有多种，包括室内试验和原位测试，室内试验又有直接剪切试验、三轴压缩试验和无侧限抗压强度试验等，原位测试则有十字板剪切试验等。本试验仅介绍直接剪切试验方法（快剪法）。

1. 目的和要求

目的：用直剪仪（快剪法）测定土在不同荷载作用下的抗剪强度指标 c、φ 值，为地基承载力计算和土体稳定性分析提供依据。

要求：通过试验加深理解库仑定律，掌握直剪仪的操作步骤和整理分析试验结果，并确定土的抗剪强度指标 c、φ 值。

2. 仪器设备

（1）应变控制式直剪仪：剪切盒、垂直加荷设备、剪切传动装置、测力计、位移量测系统等（图 5-1）。

（2）环刀：内径 61.8mm，高 20mm。

（3）位移量测设备：量程为 10mm、最小分度为 0.01mm 的百分表或零级位移传感器。

（4）其他：秒表、削土刀、铝盒、蜡纸、天平（感量 0.01g 和 0.1g 两种）、凡士林等。

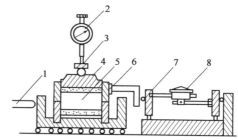

图 5-1　应变控制式直剪仪

1-推动座；2-垂直位移百分表；3-垂直加荷框架；4-传压活塞；5-试样；6-剪切盒；7-测力计；8-测力百分表

3. 试样制备

用环刀切取现场采取的原状土样，或按需要制备一定密度和含水率的重塑土样。切取原状土样时要辨别上下，用削土刀将土样削成略大于环刀直径的土柱，环刀内壁涂上一薄层凡士林，将环刀刀刃垂直向下，边削边压，保持试样与环刀密合，然后削平两端余土，若试样有空洞时，允许用余土填补。

4. 操作步骤

（1）对准剪切盒上下盒，插入固定插销，在下盒内放洁净透水石一块及蜡纸一张。

（2）将装有土样的环刀，平面向下，对准剪切盒口，在试样上放蜡纸一张及透水石一块，然后将试样慢慢推入盒底，移去空环刀。

（3）顺次加上传压活塞、钢珠，安装测力计，并在其中安装水平向测力百分表，徐徐转动手轮，使下盒前端的钢珠恰好与测力计接触（此时环中百分表指针触动），调整测力计中百分表读数为零。

（4）加上框架，施加垂直压力（将砝码一次加上，每组至少取 4 个试样，以备在 4 种垂直压力 100kPa、200kPa、300kPa、400kPa 作用下进行剪切试验），拔去固定插销，立即开动秒表，随即均匀转动手轮，手轮转速对一般黏性土规定为 5～15s 旋转一周（触变性大的或垂直压力大的土样用低限，触变性小的或垂直压力小的用高限），黄土为每 5s 旋转一周。

（5）当测力计中百分表指针不再前进或出现后退时，认为土样已经剪切破坏，记录此时测力计中百分表读数（读至 0.01mm）。若测力计中百分表指针随手轮的继续旋转而不断前进（如黄土经常发生此类现象），则规定以 5mm 作为最大剪切变形的控制峰值，即可以停止剪切。如需要时，可测记手轮转数与测力计中百分表的相应读数，以便绘出每级荷载下的应力应变曲线。

（6）顺次取下砝码、加压框架、钢珠及传压活塞，将手轮倒回原位，然后将剪切盒上盒取下，将土样取出，再依照上述步骤（1）～（5）分别做垂直压力 200kPa、300kPa、400kPa 下的土样剪切。

5. 注意事项

（1）施加垂直压力时应避免冲击和摇晃。
（2）施加剪力时手轮要均匀转动，避免忽快忽慢。

6. 结果整理

（1）按下式计算每一级垂直压力下试样的抗剪强度：

$$\tau_f = C_d \cdot R_m \tag{5-1}$$

式中：τ_f——相应于某一垂直压力的抗剪强度，kPa；

C_d——测力计校正系数，kPa/0.01mm；

R_m——剪切破坏时测力计中百分表的最大读数，以 0.01mm 计。

（2）绘制抗剪强度与垂直压力的关系图（图 5-2）。

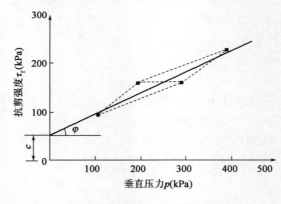

图 5-2　抗剪强度与垂直压力关系

①以垂直压力为横坐标、抗剪强度为纵坐标，将每一试样最大抗剪强度点绘在坐标图上，连成一条直线。此直线的倾角 φ 即为土的内摩擦角，直线在纵坐标上的截距 c 即为土的内聚力。

②若各点不在一条近似的直线上，可按相邻的三点连接成两个三角形，分别求出两个三角形的重心，然后将两重心连成一条直线，直线的倾角即为土的内摩擦角 φ，直线在纵坐标上的截距即为内聚力 c。

③各级荷载下测力计校正系数 C_d 由试验室提供。

7. 试验记录（表5-1、图5-3）

直剪试验（快剪法）

表5-1

班级：_____ 姓名：_____ 试验日期：_____年___月___日

试验小组：_____ 土样编号：_____ 土样说明：_____

测力计校正系数 $C_d=$		kPa/0.01mm	手轮转速：								转/min
垂直压力 p(kPa)											
100			200			300			400		
手轮转数	百分表读数(0.01mm)	剪应力(kPa)	手轮转数	百分表读数(0.01mm)	剪应力(kPa)	手轮转数	百分表读数(0.01mm)	剪应力(kPa)	手轮转数	百分表读数(0.01mm)	剪应力(kPa)
抗剪强度（最大剪应力）(kPa)		抗剪强度（最大剪应力）(kPa)		抗剪强度（最大剪应力）(kPa)		抗剪强度（最大剪应力）(kPa)					

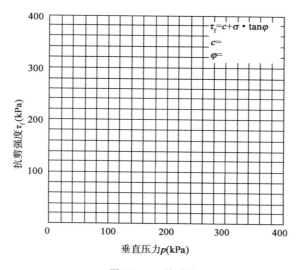

图5-3 p-τ_f 关系图

试验六　三轴压缩试验

三轴压缩试验(也称三轴剪切试验)也是测定土的抗剪强度的一种三轴向加压的试验方法,通常采用3～4个圆柱形试样,分别在不同的恒定围压(即 σ_3)作用下,施加轴向压力(即偏应力 $\sigma_1 - \sigma_3$),进行剪切直至破坏,然后根据莫尔-库仑理论,求得土的抗剪强度指标。三轴压缩试验按不同排水条件可分为三种试验方法,即不固结不排水剪(UU)、固结不排水剪(CU)、固结排水剪(CD)。本试验仅介绍不固结不排水剪法(UU),适用于黏性土和砂性土。

1. 目的和要求

目的:通过三轴压缩试验,利用莫尔-库仑理论确定土的抗剪强度指标,为地基承载力计算以及土体稳定性分析提供依据。

要求:通过试验熟悉三轴仪的构造特点与使用方法,初步学会制备试件,并掌握数据整理与分析的方法。

2. 仪器设备

(1)应变控制式三轴压缩仪包括试验机、压力室、量测系统(包括孔隙水压力和周围压力两部分)及试样制备工具四大部分(图6-1),各部分主要技术规格如下。

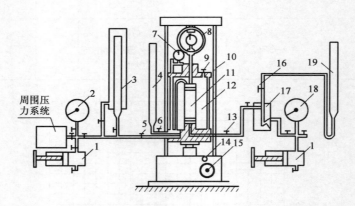

图6-1　应变控制式三轴压缩仪

1-调压筒;2-周围压力表;3-体变管;4-排水管;5-周围压力阀;6-排水阀;7-变形量表;8-量力环;9-排气孔;10-轴向加压设备;11-试样;12-压力室;13-孔隙压力阀;14-离合器;15-手轮;16-量管阀;17-零位指示器;18-孔隙压力表;19-量管

①土样尺寸: $\phi 39.1mm \times 80mm$,试样最大粒径应小于试样直径的1/10。

②最大轴向输出力:10kN。

③升降速度范围(六级变速):1.60～0.016mm/min。

④最大行程:50mm(使用三等标准测力计10kN、0.3kN各一个)。

⑤最大周围压力:1MPa,相对误差 < ±1%。

⑥最大反力:0.6MPa,相对误差 < ±1%。

⑦孔隙水压力:0~1MPa,相对误差<±1%。

⑧体积变化:0~25cm³,最小分度值0.1cm³。

⑨轴向位移量测:百分表量程0~30mm,分度值0.01mm。

(2)制样工具:击实器(图6-2)、饱和器(图6-3)、切土盘(图6-4)、切土器(图6-5)、分样器(图6-6)、承膜筒(图6-7)、对开圆模(图6-8)、透水石、橡皮膜(φ39.1mm,厚0.25mm)。

(3)天平:称量200g,感量0.01g;称量1000g,感量0.1g。

(4)其他:削土刀、铝盒、凡士林等。

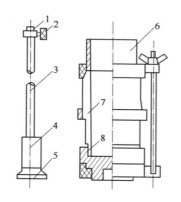

图6-2 击实器

1-套环;2-定位螺丝;3-导杆;4-击锤;

5-底板;6-套筒;7-饱和器;8-底板

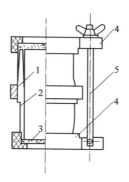

图6-3 饱和器

1-紧箍;2-土样筒;3-透水石;

4-夹板;5-拉杆

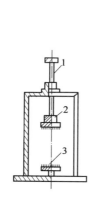

图6-4 切土盘

1-转轴;2-上盘;3-下盘

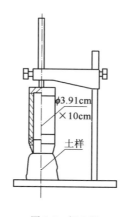

图6-5 切土器

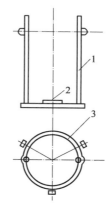

图6-6 原状土分样器(适用于软黏土)

1-滑杆;2-底座;3-钢丝架

3. 试样制备

(1)本试验需制备φ39.1mm×80mm的土样3~4个。

(2)对原状土样应用削土刀,切削成比切土器略大一些的圆柱体,再用切土器(图6-4、图6-5)垂直切削土柱体,边削边压,切成圆柱形试样。试样上下两端应平整并垂直于试样轴,当试样侧面或端部有小石子或凹坑时,允许用削下余土修整。切削试样时应避免扰动,并取余土测定试样含水率。

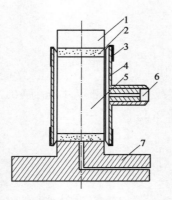 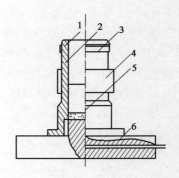

图 6-7　承膜筒(橡皮膜借承膜筒套在试样外)　　　　图 6-8　对开圆膜(制备饱和的砂样)
1-上帽;2-透水石;3-橡皮膜;4-承膜筒身;5-试　　　　1-橡皮膜;2-制样圆膜(两片组成);3-橡皮圈;
样;6-吸气孔;7-三轴仪底座　　　　　　　　　　　　4-圆箍;5-透水石;6-仪器底座

(3)扰动土试样制备,应根据预定的干密度和含水率,称取经过筛、加水闷制 24h 后的土,在击实器(图 6-2)内分层击实,粉质土宜分 3~5 层,黏质土宜分 5~8 层,各层土样的数量应相等,各层接触面应刨毛。

(4)对砂性土,应先在压力室底座上依次放上不透水板、橡皮膜和对开圆膜,将砂料填入对开圆膜,分三层按预定干密度击实。当达到预定高度时,放上不透水板、试样帽,扎紧橡皮膜,对试样内部施加 5kPa 负压力使试样能站立,拆除对开膜。

(5)对制备好的试样,应测量其直径和高度。试样的平均直径 D_0 应按下式计算:

$$D_0 = \frac{D_1 + 2D_2 + D_3}{4}$$
(6-1)

式中:D_1、D_2、D_3——分别为试样上、中、下部位直径。

(6)若需制饱和试样,则按有关规程进行,此处不赘述。

4. 操作步骤

(1)在压力室底座上依次放上不透水板、试样及试样帽,将橡皮膜套在试样外,并将橡皮膜两端与底座及试样帽分别扎紧。

(2)装上压力室罩,向压力室内注满蒸馏水,关排气阀,压力室内不应有残留气泡,并将活塞对准测力计和试样顶部。

(3)关排水阀,开周围压力阀,施加周围压力(一般周围压力值应与工程实际荷载相适应,最大一级周围压力应与最大实际荷载大致相等)σ_3 值。

(4)转动手轮使试样帽与活塞及测力计接触,装上变形百分表,将测力计和变形百分表读数调至零位。

(5)剪切试样应按下列步骤操作:

①剪切应变速率宜为每分钟 0.5%~1.0%,例如 ϕ39.1mm 试样,速率为 0.4~0.8mm/min。

②启动电机,开始剪切,试样每产生 0.3%~0.4% 的轴向应变,测记一次测力计读数和轴向应变。当轴向应变大于 3% 时,每隔 0.7%~0.8% 的应变值测记一次读数。

③当测力计读数出现峰值时,剪切应继续进行至超过 5% 的轴向应变为止。当测力计读

数无峰值时,剪切应进行到轴向应变为15%～20%时即可。

④试验结束后,先关周围压力阀,再关电机,倒转手轮,开排气阀,排除压力室内的水,拆除试样,描述试样破坏形状,称试样质量,并测定试样含水率。

5. 注意事项

(1)三轴试验费时较多,操作较复杂,因此进行试验前必须认真阅读试验指导书和有关试验规程。

(2)从制备试样到试验的全过程中,必须严格遵守试验操作规程,认真进行各项操作,以免造成返工。

6. 结果整理

(1)按下式计算轴向应变:

$$\varepsilon_1 = \frac{\Delta h_1}{h_0} \tag{6-2}$$

式中:ε_1——轴向应变值,%;

Δh_1——剪切过程中试样高度变化值,mm;

h_0——试样起始高度,mm。

(2)按下式计算试样面积校正:

$$A_a = \frac{A_0}{1 - \varepsilon_1} \tag{6-3}$$

式中:A_a——试样的校正断面面积,cm²;

A_0——试样的初始断面面积,cm²;

ε_1——轴向应变值,%。

(3)按下式计算主应力差:

$$\sigma_1 - \sigma_3 = \frac{C \cdot R}{A_a} \times 10 \tag{6-4}$$

式中:σ_1——大主应力,kPa;

σ_3——小主应力,kPa;

C——测力计校正系数,N/0.01mm;

R——测力计读数,0.01mm。

(4)绘图:

①绘制轴向应变与主应力差的关系曲线(图6-9),以($\sigma_1 - \sigma_3$)的峰值为破坏点,无峰值时取15%轴向应变时的主应力差值作为破坏点。

②绘制法向应力与剪应力的关系曲线(图6-10),以法向应力 σ 为横坐标、剪应力 τ 为纵坐标,在横坐标上以($\sigma_{1f} + \sigma_{3f}$)/2 为圆心、($\sigma_{1f} - \sigma_{3f}$)/2 为半径(脚标 f 表示破坏),在 τ-σ 应力平面图上绘制破损应力图,并绘制不同周围压力下破损应力圆的包线,最后求出不排水抗剪强度参数 c_u(kPa)、φ_u(°)。

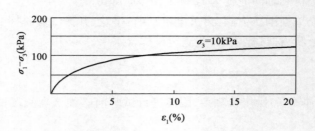

图 6-9　轴向应变与主应力差的关系曲线

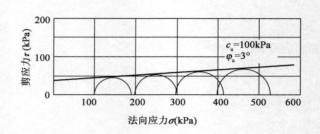

图 6-10　法向应力与剪应力的关系曲线(不固结不排水剪强度包线)

7. 试验记录(表 6-1、表 6-2)

三轴压缩试验记录　　　　　　　　　　　　　表 6-1

试验方法:＿＿＿＿＿＿＿＿＿＿＿＿

班级:＿＿＿＿＿＿＿＿＿＿　　姓名:＿＿＿＿＿＿＿＿＿　　试验日期:＿＿＿＿年＿＿月＿＿日

试验小组:＿＿＿＿＿＿＿＿　　土样编号:＿＿＿＿＿＿＿　　土样说明:＿＿＿＿＿＿＿＿＿

试验项目	试 样 状 态			试验项目	试 样 含 水	
	起始的	固结后	剪切前		起始的	剪切后
直径 D(cm)				盒号		
高度 h(cm)				盒质量(g)		
面积 A(cm²)				盒+湿土质量(g)		
体积 V(cm³)				湿土质量(g)		
质量 m(g)				盒+干土质量(g)		
密度 ρ(g/cm³)				干土质量(g)		
干密度 ρ_d(g/cm³)				水质量(g)		
试样破损描述				含水率 w(%)		
				饱和度 S_r(%)		
备注						

三轴压缩试验记录

表6-2

试验方法：_____　　　姓名：_____　　　试验日期：_____年__月__日

班级：_____　　　土样编号：_____　　　土样说明：_____

试验小组：_____　　　计算者：_____　　　校核者：_____

周围压力 $\sigma_3 =$ ____ kPa　　测力计校正系数 $C =$ ____　　$N/0.01\,\mathrm{mm}$　　剪切速率 $v =$ ____ mm/min　　围压下的孔隙水压力 $u =$ ____ kPa

变形读数		轴向应变	试样校正断面积	主应力差	大主应力	摩尔圆		有效应力				摩尔圆		试样体积变化			
垂直	测力计	ε_1	A_{a}	$\sigma_1 - \sigma_3$	$\sigma_1 = (\sigma_1-\sigma_3)+\sigma_3$	半径 $\dfrac{\sigma_1-\sigma_3}{2}$	圆心 $\dfrac{\sigma_1+\sigma_3}{2}$	大主应力 σ'_1	小主应力 σ'_3	主应力比 $\dfrac{\sigma'_1}{\sigma'_3}$	孔隙压力 u	半径 $\dfrac{\sigma'_1-\sigma'_3}{2}$	圆心 $\dfrac{\sigma'_1+\sigma'_3}{2}$	排水管读数	排出水量	读数	体变量
Δh_1	R	%	cm^2								kPa				cm^3		cm^3
0.01mm																	

试验方法	高度 (cm)	直径 (cm)	面积 (cm^2)	体积 (cm^3)	质量 (kg)	含水率 (%)	密度 $(\mathrm{g/cm}^3)$	干密度 $(\mathrm{g/cm}^3)$	饱和度 (%)	比重	孔隙比	垂直应变
不固结	$h_0 =$	$D_0 =$	$A_0 =$	$V_0 =$	$m_0 =$	$w_0 =$	$\rho_0 =$	$\rho_{d0} =$	$S_{\mathrm{r}} =$	$G_{\mathrm{s}} =$	$e_0 =$	$\varepsilon_1 = \Delta h_1/h_0 =$
固结	$h_{\mathrm{c}} =$	$D_{\mathrm{c}} =$	$A_{\mathrm{c}} =$	$V_{\mathrm{c}} =$	$m_{\mathrm{c}} =$	$w_{\mathrm{c}} =$	$\rho_{\mathrm{c}} =$	$\rho_{d\mathrm{c}} =$			$e_{\mathrm{c}} =$	$\varepsilon_1 = \Delta h_1/h_{\mathrm{c}} =$

试验方法	校正面积
不固结	$A_{\mathrm{a}} = A_0/(1-\varepsilon_1)$
固结	$A_{\mathrm{a}} = A_{\mathrm{c}}/(1-\varepsilon_1)$

其中：$h_{\mathrm{c}} = h_0 - \Delta h_{\mathrm{c}}$　或　$h_{\mathrm{c}} = h_0\left(1 - \Delta V/V_0\right)^{\frac{1}{3}}$

$A_{\mathrm{c}} = \dfrac{V_0 - \Delta V}{h_{\mathrm{c}}}$　或　$A_{\mathrm{c}} = A_0\left(1 - \dfrac{\Delta V}{V_0}\right)^{\frac{2}{3}}$

备注：

33

试验七　土的渗透性试验

渗透试验是根据达西定理,测定土的渗透系数。当水在土中渗流呈线流状态时,则渗透速度 v 与水力坡度 i 成正比,以达西定理表示,即 $v = ki$。

渗透试验方法又分为常水头渗透试验和变水头渗透试验两种类型,其中常水头试验适用于无黏性土,采用 70 型渗透仪,变水头试验适用于黏性土,采用南 55 型渗透仪。

目的和要求如下。

目的:测定土的渗透系数,为工程上土的渗透计算提供依据。

要求:通过试验加深理解达西定理,掌握试验原理和方法,测定并计算出土的渗透系数。如各组试样控制在不同孔隙比 e 下进行,可绘 e-k 曲线。

一、常水头渗透试验

1. 仪器设备

(1)70 型渗透仪:有底圆筒(高 40cm、内径 10cm),金属孔板距筒底 6cm,三个测压孔中心距离 10cm,与筒边连接处有铜丝网,玻璃测压管内径为 0.6cm,用橡皮管与测压管孔相连(图 7-1)。

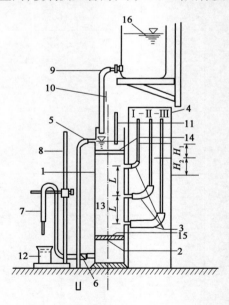

图 7-1　常水头渗透仪(70 型)

1-金属圆筒;2-金属孔板;3-测压孔;4-测压管;5-溢水孔;6-渗水孔;7-调节管;8-滑动支架;9-供水管;10-止水夹;11-温度计;12-量杯(500mL);13-试样;14-砾石层;15-铜丝网;16-供水瓶(5 000mL)

(2)其他:天平、木锤、秒表、供水设备等。

2. 土样制备

取具有代表性的风干砂土样,过2mm筛并测其风干含水率待用。

3. 操作步骤

(1)检查仪器是否已装妥,随即接通调节管和供水管,使水流至仪器底部,水位略高于金属孔板,关止水夹。

(2)取具代表性砂土样2~4kg,精确称量到1g。

(3)将土样分层装入仪器筒内,每层厚2~3cm,为控制一定密实度及孔隙比,每装入一层后均需用木锤轻轻击实到一定厚度,如土样含黏粒较多,应在金属孔板上加铺约2cm厚的粗砂作缓冲层,以防细粒被冲走。

(4)每层装好后慢慢开启止水夹,水由筒底向上渗入,使试样逐渐饱和,水面不得高出试样顶面。当水与试样顶面平齐时,关闭止水夹,饱和时水流不可太急,以免冲动试样。

(5)如此分层装入试样,使之饱和,到高出测压孔3~4cm为止,量出试样顶面至筒顶高度,计算试样净高,称剩余土质量,精确至0.1g,计算装入试样总质量,在试样上面铺1~2cm砾石做缓冲层,放水至水面高出砾石层2cm左右时,关闭止水夹。

(6)将供水管和调节管分开,将供水管置入圆筒内,开启止水夹,使水由圆筒上部注入,至水面与溢水孔齐平为止。

(7)静置数分钟,检查各测压管水位是否与溢水孔齐平,如不齐平说明仪器有集气或漏气,需挤压测压管上的橡皮管,或用吸球在测压管上部将集气吸出,调至水位齐平为止。

(8)降低调节管的管口位置,使其位于试样上部1/3高度处,令产生水位差,水即渗过试样,经调节管流出。此时调节止水夹,使进入筒内的水量多于渗出水量,溢水孔始终有余水流出,以保持筒中水面不变,试样处于常水头下渗透。

(9)当测压管水位稳定后,测记水位,并计算各测压管之间的水位差。开动秒表,同时用量筒接取一定时间的渗透水量,并重复一次。测量进水和出水处的水温,取其平均值。

(10)降低调节管至试样的不同高度处(中部及下部1/3)改变水力坡度H/L重复测定,当不同水力坡度下测定的数据接近时,结束试验。

4. 注意事项

(1)当接取渗出水量时,调节管口不得浸入水中。

(2)因学时所限绘制 e-k 关系曲线时,如需采用他组试验资料完成,每组都必须严格控制本组试验试样的密度及孔隙比,以期最后得到满意结果。

5. 结果整理

(1)渗透系数按下式计算:

$$k_{\mathrm{T}} = \frac{Q \cdot L}{A \cdot H \cdot t} \tag{7-1}$$

式中:k_{T}——水温 T℃时试样渗透系数(保留三位有效数字),cm/s;

    Q——时间 t 内的渗出水量,cm³;

    L——两测压管中心间的距离(L = 测压孔中心间距 = 10cm),cm;

A——试样断面面积,cm^2;

H——平均水位差$[H = (H_1 + H_2)/2]$,cm;

t——时间,s。

(2)温度为20℃时的渗透系数按下式计算:

$$k_{20} = k_T \frac{\eta_T}{\eta_{20}} \tag{7-2}$$

式中:k_{20}——水温20℃时试样渗透系数(保留3位有效数字),cm/s;

η_T、η_{20}——分别为T℃及20℃时水的黏滞系数(与温度有关),$kPa \cdot s$;η_T/η_{20}可查表7-3求得。

(3)按下式计算试样干密度及孔隙比:

$$\rho_d = \frac{m_s}{A \cdot h} \tag{7-3}$$

$$e = \frac{G_s}{\rho_d} - 1 \tag{7-4}$$

上述式中:ρ_d——试样干密度,g/cm^3;

A——试样断面面积,cm^2;

h——试样高度,cm;

e——试样孔隙比;

G_s——土粒比重;

m_s——试样干质量,g,计算公式为

$$m_s = \frac{m}{1 + w}$$

其中 m——风干试样质量,g;

w——风干试样含水率,%。

注:①一个试样多次测定时,在计算的渗透系数中取3~4个在允许差值范围内的测值,求其平均值,作为试样在孔隙比e下的渗透系数(允许差值不大于2×10^{-n})。

②绘制e-k关系曲线时,应在半对数坐标纸上以孔隙比为纵坐标、渗透系数为横坐标绘制(图7-2)。

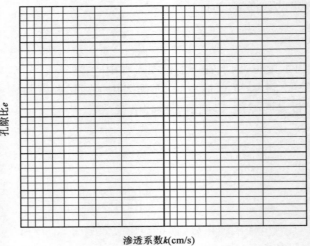

图7-2 常水头试验e-k关系曲线

6. 试验记录（表7-1）

班级：_____　　　　试验编号：_____　　　　仪器编号：_____　　　　土粒比重 $G_s =$

试验小组：_____　　　　姓名：_____　　　　土样编号：_____

试样干质量 $m_s =$ _____ g　　　　试样孔隙比 $e =$

常水头渗透试验记录（70 型）

试验日期：_____ 年_____ 月_____ 日

表 7-1

试样高度 $h =$ _____ cm　　　　试验说明：

测压孔间距 $L =$ _____ cm　　　　试样断面面积 $A =$ _____ cm²

试验次数 n	经过时间 t (s)	测压管水位（cm）			水位差（cm）		平均水位差 H	水力坡度 i	渗透流量 Q(cm³)	渗透系数 k_T(cm/s)	平均水温 T(℃)	校正系数 η_T/η_{20}	渗透系数 k_{20}(cm/s)	平均渗透系数 k_{20} (cm/s)	备注
		1管	2管	3管	H_1	H_2									
1	2	3	4	5	6	7	8	9	10	11	12	13	14	15	16
					3−4	4−5	(6+7)/2	8/L		10/(A× 9×2)			11×13	Σ14/n	

37

二、变水头渗透试验

1. 仪器设备

（1）南 55 型渗透仪（图 7-3），由温度计（分度值 0.2℃）、渗透容器、变水头管、供水瓶、进水管等组成，其中：渗透容器包括环刀（内径 61.8mm、高 40mm）、透水石（渗透系数应大于 10^{-3} cm/s）、套环、上下盖等；变水头管内径应均匀且不大于 1cm，管外有最小读数 1.0mm 的刻度尺，长度宜为 2m 左右。

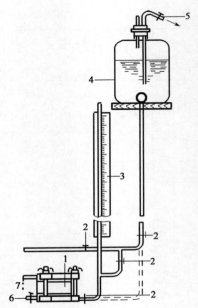

图 7-3　变水头渗透仪（南 55 型）
1-渗透容器；2-进水管夹；3-变水头管；4-供水瓶；5-接水源管；6-排气水管；7-出水管

（2）其他：削土刀、温度计、秒表、溢水量筒、凡士林、土盘等。

2. 试样制备

按需要用环刀垂直或平行于土样层面切取原状试样，测定试样含水率和密度，或制备给定密度的扰动土样，并进行充水饱和（必要时进行抽气饱和）。

3. 操作步骤

（1）将已充水饱和的环刀试样装入渗透容器，用螺母旋紧，要求密封至不漏水、不漏气。

（2）将渗透容器的进水口与变水头管连接，利用供水瓶中的水向进水管充满水，并渗入渗透容器，同时将容器侧立，排气孔向上，开排气阀，使水渗入容器，排除渗透容器底部空气，直至溢出水中无气泡，关排气阀，放平渗透容器。

（3）向进水头管注水，使水升高至预定高度，待水位稳定后切断水源，开进水管夹，使水通过试样，当出水口有水溢出时开始测记变水头管中起始水头高度和起始时间，按预定时间间隔测记水头时间变化,并测记出水口的水温,精确至0.2℃。

(4)将变水头管中的水位变换高度,待水位稳定再测记水头和时间变化,重复试验5~6次。当不同开始水头测定的渗透系数在允许差值(不大于2×10^{-n})范围内时,结束试验。

4.注意事项

(1)切取土样时应注意尽量避免结构扰动,严禁用削土刀反复刮抹试样表面,以免表面的孔隙堵塞或受压缩,影响试验结果。

(2)经过饱和后的试样,应小心从饱和容器中取出,再装入渗透容器中,避免土样受扰动和损坏,影响试验结果。

5.结果整理

(1)按下式计算渗透系数:

$$k_{\mathrm{T}} = 2.3 \frac{a \cdot L}{A(t_2 - t_1)} \lg \frac{H_1}{H_2}$$ (7-5)

式中:k_{T}——水温T℃时试样的渗透系数,cm/s;

2.3——ln 和 lg 的换算系数;

a——变水头管的横断面面积,cm^2;

L——试样高度,cm;

A——试样横断面面积(过水面积),cm^2;

t_1、t_2——分别为每次测记的起始和终止时间,s;

H_1、H_2——分别为每次测记的起始和终止时的水头,cm。

(2)按下式计算温度为20℃时试样的渗透系数:

$$k_{20} = k_{\mathrm{T}} \frac{\eta_{\mathrm{T}}}{\eta_{20}}$$ (7-6)

式中:k_{20}——20℃时试样的渗透系数,cm/s;

η_{T}、η_{20}——分别为T℃及20℃时水的黏滞系数(与温度有关),kPa·s;$\eta_{\mathrm{T}}/\eta_{20}$可查表7-3求得。

(3)根据需要,可在半对数坐标纸上绘制e-k关系曲线(图7-4)。

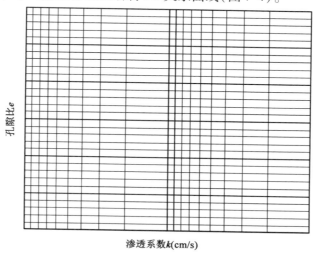

图7-4 变水头试验e-k关系曲线

6. 试验记录（表7-2）

班级：_____
试验小组：_____

仪器编号：_____
土粒比重：G_s = _____

变水头渗透试验记录（南 55 型）

姓名：_____
土样编号：_____

试验日期：_____年_____月_____日
表 7-2

试样高度：L = _____ cm
试样孔隙比：e = _____

试验断面面积：A = _____ cm²
变水头管断面面积：a = _____ cm²
土样说明：_____

试验次数	历时			起始水头 (cm)	终止水头 (cm)	渗透流量 (cm³)	水力坡度	平均水温 (℃)	渗透系数 (cm/s)	校正系数	渗透系数 (cm/s)	平均渗透系数 $\bar{k}_{20}$ (cm/s)
	起始时间 d:h:min	终止时间 d:h:min	历时(s)									
n	t_1	t_2	$t_2 - t_1$	H_1	H_2	Q	$i = \dfrac{H_1 + H_2}{2L}$	T	k_T	η_T / η_{20}	k_{20}	$\bar{k}_{20}$

水的动力黏滞系数 η、黏滞系数比 η_T/η_{20} 表 7-3

温度 T(℃)	动力黏滞系数 η ($\times 10^6 kPa \cdot s$)	η_T/η_{20}	温度 T(℃)	动力黏滞系数 η ($\times 10^6 kPa \cdot s$)	η_T/η_{20}
5.0	1.516	1.501	15.5	1.130	1.119
5.5	1.493	1.478	16.0	1.115	1.104
6.0	1.470	1.455	16.5	1.101	1.090
6.5	1.449	1.435	17.0	1.088	1.077
7.0	1.428	1.474	17.5	1.074	1.066
7.5	1.407	1.393	18.0	1.061	1.050
8.0	1.387	1.373	18.5	1.048	1.038
8.5	1.367	1.353	19.0	1.035	1.025
9.0	1.347	1.334	19.5	1.022	1.012
9.5	1.328	1.315	20.0	1.010	1.000
10.0	1.310	1.297	20.5	0.998	0.988
10.5	1.292	1.279	21.0	0.986	0.976
11.0	1.274	1.261	21.5	0.974	0.964
11.5	1.256	1.243	22.0	0.963	0.953
12.0	1.239	1.227	22.5	0.952	0.943
12.5	1.223	1.211	23.0	0.941	0.932
13.0	1.206	1.194	24.0	0.919	0.916
13.5	1.190	1.178	25.0	0.899	0.890
14.0	1.175	1.163	26.0	0.879	0.870
14.5	1.160	1.148	27.0	0.859	0.850
15.0	1.144	1.133	28.0	0.841	0.833

试验八 黏土矿物成分试验（差热法）

不同的黏土矿物具有不同的化学成分、晶格构造和物理化学性质，因而加热时其热效应的特征也不同，如吸热谷和放热峰出现的温度、形状、大小等均因矿物成分不同而异，根据这些特征即可鉴定黏土矿物的组成。差热分析即是一种以矿物在加热过程中伴随着物理化学变化而产生的热反应（吸热或放热）特征为基础来鉴别其矿物成分的常用方法。

1. 目的和要求

目的：按照小于 $2\mu m$ 粒组差热曲线峰（放热反应）、谷（吸热反应）出现的温度、形状、大小等热反应特征来鉴定黏土矿物组成。

要求：通过试验掌握差热仪的基本原理、操作方法和要领，学会分析处理数据和判别黏土矿物属性。

2. 仪器设备及试剂

(1)差热分析仪。

(2)离心机：5 000r/min。

(3)高温炉。

(4)玻璃研钵。

(5)干燥器：内盛饱和硝酸钙溶液（相对湿度为 50%）。

(6)铝盒、天平（感量 0.1g）等。

(7)试剂：

① 0.5mol/L 氯化镁（$MgCl_2$）溶液：将 102g 氯化镁溶于少量蒸馏水中，稀释至 1L。

② 95% 乙醇或丙酮。

③氧化铝（Al_2O_3）：在 1 200℃ 或 1 350℃ 高温中煅烧，磨细后作中性体用（即在此温度范围内无热反应）。

④纯石英：磨细后作炉温校正用。

⑤碳酸钡（$BaCO_3$）：磨细后作炉温校正用。

⑥无水硫酸钠（Na_2SO_4）：磨细后作炉温校正用。

3. 试样制备

(1)称取 1g 左右小于 $2\mu m$ 粒级风干试样，放入离心管中，加入 0.5mol/L 氯化镁溶液 50mL，用球状玻璃棒充分搅拌，然后在 3 000r/min 以上速度下离心，弃去上部清液。

(2)再按上述方法使用 0.5mol/L 氯化镁溶液处理两次。

(3)分别用蒸馏水和 95% 乙醇或丙酮洗涤，离心 2～3 次。

(4)将处理过的试样晾干，或在低于 50℃ 下烘干，磨细备用。

4. 操作步骤

(1)将备好的镁饱和试样放到铝盒中，在盛有饱和硝酸钙溶液的干燥器里放置 3d 后取出,立即进行差热分析。

（2）称取适量的制备好的镁饱和试样（每次试样用量应固定，以便比较矿物的相对含量），装入两盛样容器的其中一个，另一个装入氧化铝中性体。二者的粒径大小、装填密度应一致。

（3）试样及中性体装好后，放入高温电炉内，盖严炉盖，选好适宜的升温速率，即可按仪器使用说明书，开启仪器进行差热分析。

（4）升温速率，一般在 10～15℃/min 范围内均可得到较满意的结果，目前比较常采用的是 10℃/min。

（5）加热温度范围，一般从室温至 1 000℃ 或 1 200℃，当炉温升至所需温度时，即关闭仪器，结束试验，记下试验的技术条件。

（6）试验结束后，应将电炉盖打开，使其散热，待炉温降至室温后，方可进行下一次试验。盛样容器及热电偶等至少需冷却至 600℃ 以下时，方可取出。

5. 注意事项

（1）差热分析仪应定期进行各项检验和校正，包括：

①升温速率检验。

电炉在室温至 1 000℃ 或 1 200℃ 范围内，升温速率应相当均匀。炉温曲线应为较直的斜线，否则须检查原因，按仪器说明书进行调整。

②炉温校正。

a. 将磨细的无水硫酸钠与氧化铝中性体按 1:1 比例混合研匀后，装在仪器两盛样容器的其中一个，同时在另一个中装入氧化铝中性体，放在电炉内炉温均匀部位加热，在室温至300℃ 范围内进行差热分析。

差热曲线上有一个硫酸钠多晶转变的吸热谷，谷底温度应为 240～243℃。

b. 将磨细的纯石英和纯碳酸钡按 1:1 比例混合磨细后，按上述操作在室温至 1 000℃ 范围内进行差热分析。

差热曲线上有三个吸热谷，即谷底温度为 537℃ 时，是 α-石英 $\rightleftharpoons$ β-石英相变的吸热谷，其次是碳酸钡的两个相变吸热谷，即 α $\rightleftharpoons$ β 为（819±3）℃，β $\rightleftharpoons$ γ 为（988±3）℃。

差热仪的炉温不符合上述各谷底温度时，即应进行相应的修正。

③零线检验。在两个盛样容器中都装入氧化铝中性体，严格控制为同样条件，放入电炉内温度均匀部位加热，在室温至 1 000℃ 或 1 200℃ 范围内进行差热分析。因加热时无热反应发生，故应得到一条较平直的零线。若不平直，仔细分析原因，加以排除。

（2）试样在差热分析前，应以镁离子饱和处理，并去除有机质（用 H_2O_2 氧化有机质后，用水和稀盐酸洗涤）。

6. 结果整理

分析记录笔直接记录的差热曲线（如系照相记录，则取下暗箱，在暗室内冲洗感光纸便可获得差热曲线），按温度坐标注明各反应峰、谷尖端的温度，将此结果与标准矿物的差热曲线进行对比，即可判断出试样中主要的黏土矿物成分，并按各种矿物成分特征反应的峰、谷大小，粗略地估计它们的相对含量。

7. 试验记录（表 8-1）

差热分析结果记录

表 8-1

班级：_____ 姓名：_____ 试验日期：_____年_____月_____日

试验小组：_____ 土样编号：_____ 土样说明：_____

试样名称		试验者	
热谱编号		校核者	
试样处理		试样质量(g)	
试样在50%相对湿度下平衡时间		中性体	
升温速率(℃/min)		温度范围(℃)	
差热曲线及其说明			
鉴定结果			
备注			

试验九　静力触探试验

触探是目前国内外广泛应用的一种兼备勘探和测试双重用途的勘察手段,不仅可定性地预估地基土层的种类和性质,进行力学分层,还可在原位直接测定土层的物理力学性质,用以评价单桩的承载力等,不少情况下可起到一般钻探和取样所起不到的作用,因此,国内外常把钻探和触探方法配合使用,以提高勘察质量和效率。

触探又可分为静力触探和动力触探两种,本试验仅介绍静力触探,可适用于黏性土和砂性土。

1. 目的和要求

目的:静力触探是工程地质勘查中的一项原位测试手段,通过测定锥形头按一定速率匀速压入土中时的贯入阻力(锥头力、侧壁摩阻力),为工程上划分土层、评价地基土的工程特性、探找桩基持力层、预估沉桩可能性和单桩承载力、检验人工填土的密实度及地基加固效果等提供依据。

要求:通过试验掌握静力触探的基本原理、仪器结构以及操作方法,学会整理分析试验数据和判别土层的工程性质。

2. 仪器设备

(1)触探主机:应能匀速地将探头压入土中。常用的触探主机根据传动方式不同可分为液压传动式(又分单缸和双缸,贯入能量 >8t)和机械传动式(又分电动丝杆和手摇链式,贯入能量分别为 3 ~ 10t、<4t)。

(2)反力装置:一般用地锚及车辆自重提供所需反力,下地锚可用液压、电压或手动拧锚机。

(3)探头:按其结构功能可分为两种。

①单桥探头:如图 9-1 所示,测定比贯入阻力 P_s,技术规格见表 9-1。

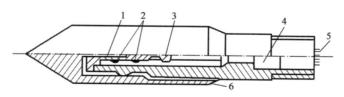

图 9-1　单桥探头示意图
1-顶柱;2-电阻应变片;3-传感器;4-密封垫圈;5-四芯电缆;6-外套筒

单 桥 探 头 规 格　　　　　　　　　　　　表 9-1

投影面积 $A(\text{cm}^2)$	10	15	20
有效侧壁长度 $L(\text{mm})$	57	70	81
直径 $D(\text{mm})$	35.7	43.7	50.4
锥头 $\alpha(°)$	60	60	60

②双桥探头:如图9-2所示,同时测定锥尖阻力 q_c 和侧壁摩阻力 f_s,规格见表9-2。

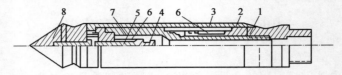

图9-2 双桥探头示意图
1-传力杆;2-摩擦传感器;3-摩擦筒;4-锥尖传感器;5-顶柱;6-电阻应变片;7-钢珠;8-锥尖头

双桥探头规格
表9-2

投影面积 $A(cm^2)$	10	15	20
摩擦筒侧壁面积 (cm^2)	200	300	300
直径 $D(mm)$	35.7	43.7	50.4
锥头 $\alpha(°)$	60	60	60

探头传感器必须标定合格后才能使用。

探头应符合下列标准:

a. 几何尺寸应符合表9-1、表9-2中要求,外形不得有明显的变化和深刻痕。

b. 探头传感器桥路对地绝缘电阻不得小于500MΩ。

c. 探头直径变化不得超过 ±1%,用双探头时摩擦筒直径应与锥头直径相同(摩擦筒直径与锥头直径比应为1.00～1.01)。

d. 探头传感器桥路接入仪器后应能统调平衡。

(4)探杆:必须平直,应采用具有足够强度和刚度的无缝钢管制成,接探头部分的探杆直径应小于探头直径(对于单桥探头,在探头外套顶端以上8D范围内;对于双桥探头,在摩擦筒顶端以上6D范围内)。

(5)量测仪器:可采用电阻应变仪、静力触探自动记录仪或其他电子电位差计等。

3. 操作步骤

(1)平整试验场地,接通电源,设置反力装置,将触探主机对准孔位,调平机座,并固定在反力装置上。

(2)检查探头绝缘程度,探头引线按一定顺序接到仪器上,打开电源开关,预热并调试至正常工作状态(仪器使用条件及预热时间应符合产品说明要求)。

(3)贯入前应试压探头,检查顶柱、锥头、摩擦筒工作是否正常,然后将探杆与探头连接,插入导向器内,调整垂直并紧固导向轮,保证探头垂直贯入土中。启动动力设备并调整到正常工作状态。

(4)采用自动记录仪时,应安装深度转换装置,并检查卷纸机构运转是否正常,采用电阻应变仪时,应设置深度标尺。

(5)将探头匀速压入土中0.5～1.0m,然后稍许提升,使探头处于不受力状态,待探头温度与地温平衡后(仪器零位基本稳定),将仪器调零或记录初读数,即可进行正常贯入,贯入速率一般为(1.2±0.3)m/min。

(6)贯入过程中,当使用自动记录仪时,应根据贯入阻力大小合理选用供桥电压,并随时核对,校正深度记录误差,做好记录;使用电阻应变仪时,一般每隔 0.1~0.2cm 记录一次读数。

（7）深度在 6m 以内,一般每贯入 1~2m 时,提升探头检查回零情况;在 6m 以下,每贯入 5~10m 提升探头检查回零情况。当出现异常时,应检查原因及时处理。

（8）当贯入到预定深度或出现下列情况时,应停止贯入:

①触探主机达到最大容许贯入能力,探头阻力达到最大容许压力。

②反力装置失效。

③探杆弯曲已达到不能容许的程度。

（9）试验完毕及时起拔探杆,并记录回零情况,探头拔出后应立即清洗上油,妥善保管。

4. 注意事项

（1）试验点与已有钻孔、触探孔、十字板试验孔等的距离,宜不小于 20 倍的已有孔径。

（2）试验前应根据试验点的地层情况,合理选用探头,使其在贯入过程中灵敏度较高而又不致损坏。

（3）试验点应避开地下设施(管道、电缆等),以免发生意外。

（4）试验过程中,应对特殊情况作详细记录(触探孔倾斜,探头贯入土层时的摩擦声,探头和探杆的磨损、弯曲,设备运行情况等)。

（5）应注意安全操作和安全用电。

（6）当用液压式、电动丝杆式触探主机时,活塞杆或丝杆不得超过上、下限位,以免损坏设备。

（7）当用拧锚机时,应待准备就绪后才能启动,拧锚过程中如遇障碍,应立即停机处理。

5. 结果整理

（1）贯入过程中,当初读数随深度有变化及自动记录深度与实际深度有差异时,应按线性内插法原则进行修正。

（2）按下列公式分别计算比贯入阻力 P_s、锥尖阻力 q_c、侧壁摩阻力 f_s 及摩阻比 F:

$$P_s = K_p \cdot \varepsilon_p \tag{9-1}$$

$$q_c = K_q \cdot \varepsilon_q \tag{9-2}$$

$$f_s = K_f \cdot \varepsilon_f \tag{9-3}$$

$$F = \frac{f_s}{q_c} \tag{9-4}$$

上述式中:P_s、q_c、f_s 单位均为 kPa,F 单位为%;

K_p、K_q、K_f——分别为单桥探头、双桥探头、摩擦筒传感器的率定系数,单位为 kPa/mV(自动记录仪)或 kPa/$\mu\varepsilon$(电阻应变仪);

ε_p、ε_q、ε_f——分别为单桥探头、双桥探头、摩擦筒传感器的输出电压(自动记录仪单位为 mV),或应变量(应变仪单位为 $\mu\varepsilon$)。

（3）以深度(H)为纵坐标,以锥尖阻力 q_c、侧壁摩阻力 f_s 及摩阻比 F 或比贯入阻力 P_s 为横坐标,做 q_c-H、f_s-H、F-H 或 P_s-H 关系曲线。

6. 试验记录（表 9-3、图 9-3）

静力触探试验记录　　　　　　　　　　　　　　　　表 9-3

班级：＿＿＿＿＿＿＿＿＿＿＿　姓名：＿＿＿＿＿＿＿＿＿　试验日期：＿＿＿＿＿年＿＿月＿＿日

试验小组：＿＿＿＿＿＿＿＿＿　工程名称：＿＿＿＿＿＿＿＿＿＿＿＿＿

操作者：＿＿＿＿＿＿＿　记录者：＿＿＿＿＿＿＿　计算者：＿＿＿＿＿＿＿　校核者：＿＿＿＿＿＿＿＿＿＿

探头编号：＿＿＿＿＿＿　探头系数：＿＿＿＿＿＿　仪器编号：＿＿＿＿＿＿＿＿＿＿＿＿＿＿＿＿

孔号：＿＿＿＿＿＿＿　孔口高程：＿＿＿＿＿＿　孔深：＿＿＿＿＿＿＿　水位高程：＿＿＿＿＿＿＿＿＿＿

深度 H（m）	锥尖阻力 q_c				侧壁摩阻力 f_s				$F=f_s/q_c$（%）	备注
	初读数	应变仪读数	校正后应变值	贯入阻力（kPa）	初读数	应变仪读数	校正后应变值	摩阻力（kPa）		

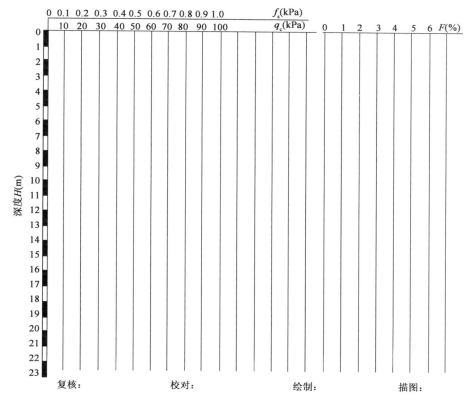

图 9-3　静力触探曲线

参 考 文 献

［1］ 王建设.土质学与土力学试验讲义.西安:长安大学.

［2］ 中华人民共和国行业标准.JTG E40—2007　公路土工试验规程［S］.北京:人民交通出版社,2007.

［3］ 中华人民共和国国家标准.GB 50021—2001　岩土工程勘察规范［S］.北京:中国建筑工业出版社,2009.

［4］ 中华人民共和国行业标准.SL 237—1999　土工试验规程［S］.北京:中国水利水电出版社,1999.

［5］ 中华人民共和国国家标准.GB/T 50145—2007　土的工程分类标准［S］.北京:中国计划出版社,2008.

［6］ 钱建固,袁聚云,赵春风,等.土质学与土力学［M］.5 版.北京:人民交通出版社股份有限公司,2015.

［7］ 林宗元.岩土工程试验监测手册［M］.北京:中国建筑工业出版社,2005.

［8］ 谢定义,陈存礼,胡再强.试验土工学［M］.北京:高等教育出版社,2011.

土质学与土力学
试验报告

学院＿＿＿＿＿＿＿＿＿＿＿＿

专业＿＿＿＿＿＿＿＿＿＿＿＿

班级＿＿＿＿＿＿＿＿＿＿＿＿

学号＿＿＿＿＿＿＿＿＿＿＿＿

姓名＿＿＿＿＿＿＿＿＿＿＿＿

试验小组＿＿＿＿＿＿＿＿＿＿

目　录

试验一　土的颗粒分析试验

一、筛　分　法

班级：_____　　姓名：_____　　试验日期：_____年____月____日

试验小组：_____　　土样编号：_____　　土样说明：_____

风干土质量 ＝　　　　　　　　　　　g	2mm 筛上土质量 ＝　　　　　　　　　　g
风干土含水率 ＝　　　　　　　　　　%	2mm 筛下土质量 ＝　　　　　　　　　　g
干土质量 ＝　　　　　　　　　　　g	＜2mm 占总土质量百分数 ＝　　　　　%
＜0.1mm 占总土质量百分数 ＝　　　%	＜2mm 取样试样质量 ＝　　　　　　　g

孔径 （mm）	留筛土质量 （g）	累计留筛土质量 （g）	小于该孔径的 土质量(g)	小于该孔径的土 质量百分数(%)	备注
60					
40					
20					
10					
5					
2					
1					
0.5					
0.25					
0.075					

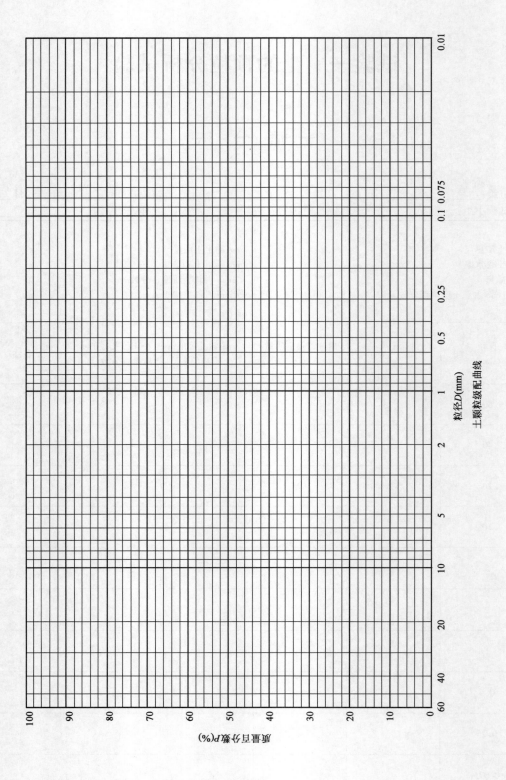

土颗粒级配曲线

二、密度计法（TM-85 型乙种密度计）

班级：_____　　　　姓名：_____

试验小组：_____　　土样编号：_____

干土质量 m_s = _____ g

土粒比重 G_s =

土样通过 2.0mm 的百分率 $P_{2.0}$ = _____ %

试样编号：

量筒编号：

弯液面校正值 n =

分散剂：

分散剂量：

密度计编号：

量筒内截面面积：_____ cm²

土粒比重校正系数（查表 1-4）

$$C_G = \frac{G_s}{G_s - 1} = $$

$$M = \frac{100V \cdot C_G}{m_s} = $$

试验者：

试验日期：_____ 年 _____ 月 _____ 日

土样说明：

复核者：

①	②	③	④	⑤	⑥	⑦	⑧	⑨	⑩	⑪	⑫	⑬	⑭
测定时间	乙种密度计弯液面上缘读数		悬液温度 T（精确至 0.5℃）	弯液面校正	粒径 D					乙种密度计 20℃温度校正值	20℃土样浮质量 R_1（校正后的密度计读数）	<D(mm) 的质量百分数	折合总质量的百分数
	在 20℃蒸馏水加分散剂中的读数 R_0	在悬液中的读数 R_a			有效沉降距离 L	下沉速度 $v = L/t$	$\sqrt{\dfrac{L}{t}}$（小数点后保留 3 位有效数字）	粒径计算系数 K	D（保留 3 位有效数字）			P	$P \times P_{2.0}$
沉降时间 t				③+n	查图	⑥/t	$\sqrt{T}$	查表 1-6	⑧×⑨	查表 1-7	⑤−②+⑪	⑫×M	
—	g/cm³	—	℃	g/cm³	cm	cm/min	$\sqrt{\text{cm/s}}$		mm	g/cm³	g/cm³	%	%
h:min / min													
1													
2													
5													
15													
30													
60													
120													
240													
1 440													

3

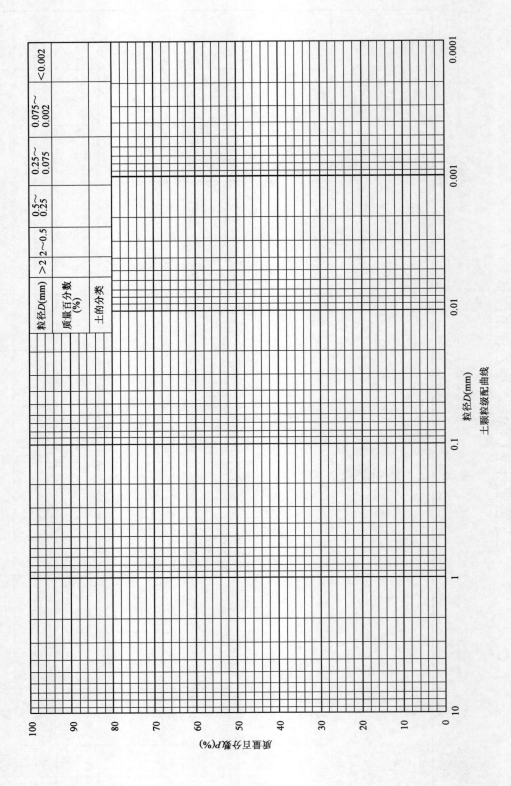

土颗粒级配曲线

试验二　土的液塑限试验

一、平衡锥法、搓泥条法

班级：_____　　姓名：_____　　试验日期：_____年____月____日

试验小组：_____　　土样编号：_____　　土样说明：_____

试 验 项 目			液　限		塑　限	
			1	2	1	2
含水率	铝盒编号		①			
	盒＋湿土质量	g	②			
	盒＋干土质量	g	③			
	盒质量	g	④			
	水分质量	g	⑤＝②－③			
	干土质量	g	⑥＝③－④			
	含水率	%	⑦＝⑤/⑥			
	平均含水率	%	⑧			

液限 w_L = _____%，塑限 w_P = _____%，塑性指数 I_P = _____

二、联合测定仪法

班级：_____　　姓名：_____　　试验日期：_____年____月____日

试验小组：_____　　土样编号：_____　　土样说明：_____

试 验 项 目			1	2	3
锥入深度 h（mm）					
含水率	铝盒编号		①		
	盒＋湿土质量	g	②		
	盒＋干土质量	g	③		
	盒质量	g	④		
	水分质量	g	⑤＝②－③		
	干土质量	g	⑥＝③－④		
	含水率	%	⑦＝⑤/⑥		
	平均含水率	%	⑧		

液限 w_L = _____%，塑限 w_P = _____%，塑性指数 I_P = _____

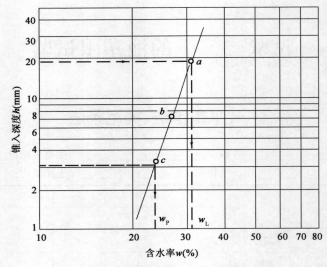

锥入深度与含水率(h-w)关系曲线

试验三　土的击实试验

班级：＿＿＿＿＿＿＿＿＿＿　姓名：＿＿＿＿＿＿＿＿＿＿　试验日期：＿＿＿＿年＿＿月＿＿日

试验小组：＿＿＿＿＿＿＿＿＿　土样编号：＿＿＿＿＿＿＿＿＿　土样说明：＿＿＿＿＿＿＿＿＿

击实筒编号：　　　　　　　　　　击实锤重：　　　　　　　　kg　土样类别：

击实筒体积：　　　　　　cm³　落距：　　　　　　　　cm　每层击实次数：

	试验次数		1	2	3	4	5
干密度	加水量	g					
	筒＋土质量	g					
	筒质量	g					
	湿土质量	g					
	湿密度	g/cm³					
	干密度	g/cm³					
含水率	盒号	—					
	盒＋湿土质量	g					
	盒＋干土质量	g					
	盒质量	g					
	水分质量	g					
	干土质量	g					
	含水率	%					
	平均含水率	%					

击实曲线

干密度(g/cm³)

w_{op} ＝　　　　　％
ρ_{dmax} ＝　　　　g/cm³

说明：

含水率(%)

试验四　土的压缩试验

一、密度试验（环刀法）

班级：＿＿＿＿＿＿＿＿＿　　姓名：＿＿＿＿＿＿＿＿＿　　试验日期：＿＿＿＿年＿＿月＿＿日

试验小组：＿＿＿＿＿＿＿　　土样编号：＿＿＿＿＿＿＿　　土样说明：＿＿＿＿＿＿＿＿＿

环刀编号		①		
环刀 + 土样质量		②		
环刀质量	g	③		
土样质量		④ = ② − ③		
环刀容积	cm³	⑤		
土样密度 ρ	g/cm³	⑥ = ④/⑤		

二、压缩试验

试验小组：

姓名：
土样编号：

试验日期：_____年_____月_____日
土样说明：

		土样高度 $h_0 =$					cm
土粒密度 $\rho_s =$	g/cm³						
土样密度 $\rho =$	g/cm³	土样面积 $A =$					cm²
土样含水率 $w_0 =$	%	天然孔隙比 $e_0 =$					

仪器编号：
环刀编号：
试验说明：

压缩曲线图

荷载时间（min）	0	10	10	10	10	10
垂直压力 p（kPa）	0	50	100	200	300	400
累计变形量 S'（mm）						
仪器变形量 Δ_i（mm）						
本级荷载下的累计压缩变形量 S_i（mm）						
孔隙比 e_i						
压缩系数 a_{1-2}（kPa^{-1}）						
压缩模量 $E_{s,1-2}$（kPa）						

试验五 土的直剪试验(快剪法)

班级:_____ 姓名:_____ 试验日期:_____年___月___日

试验小组:_____ 土样编号:_____ 土样说明:_____

测力计校正系数 C_d =		kPa/0.01mm	手轮转速:							转/min	
垂直压力 p(kPa)											
100			200			300			400		
手轮转数	百分表读数 (0.01mm)	剪应力 (kPa)	手轮转数	百分表读数 (0.01mm)	剪应力 (kPa)	手轮转数	百分表读数 (0.01mm)	剪应力 (kPa)	手轮转数	百分表读数 (0.01mm)	剪应力 (kPa)
抗剪强度 (最大剪应力) (kPa)			抗剪强度 (最大剪应力) (kPa)			抗剪强度 (最大剪应力) (kPa)			抗剪强度 (最大剪应力) (kPa)		

10

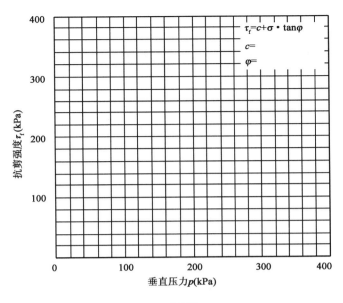

p-τ_f关系图

试验六　三轴压缩试验

一、试验记录(一)

试验方法:＿＿＿＿＿＿＿＿＿＿＿＿＿

班级:＿＿＿＿＿＿＿＿＿＿　　姓名:＿＿＿＿＿＿＿＿＿＿　　试验日期:＿＿＿＿年＿＿月＿＿日

试验小组:＿＿＿＿＿＿＿＿　　土样编号:＿＿＿＿＿＿＿＿　　土样说明:＿＿＿＿＿＿＿＿＿

试验项目	试 样 状 态			试验项目	试 样 含 水	
	起始的	固结后	剪切前		起始的	剪切后
直径 $D(\mathrm{cm})$				盒号		
高度 $h(\mathrm{cm})$				盒质量(g)		
面积 $A(\mathrm{cm^2})$				盒＋湿土质量(g)		
体积 $V(\mathrm{cm^3})$				湿土质量(g)		
质量 $m(\mathrm{g})$				盒＋干土质量(g)		
密度 $\rho(\mathrm{g/cm^3})$				干土质量(g)		
干密度 $\rho_\mathrm{d}(\mathrm{g/cm^3})$				水质量(g)		
试样破损描述				含水率 $w(\%)$		
				饱和度 $S_\mathrm{r}(\%)$		
备注						

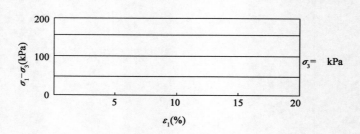

轴向应变与主应力差的关系曲线

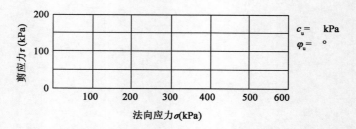

法向应力与剪应力的关系曲线(不固结不排水剪强度包线)

二、试验记录（二）

姓名：＿＿＿＿＿　　班级：＿＿＿＿＿　　试验小组：＿＿＿＿＿　　试验者：＿＿＿＿＿

土样编号：＿＿＿＿＿　　计算者：＿＿＿＿＿

试验日期：＿＿＿＿年＿＿月＿＿日　　土样说明：＿＿＿＿＿　　校核者：＿＿＿＿＿

周围压力 $\sigma_3 =$ ＿＿＿ kPa　测力计校正系数 $C =$ ＿＿＿ N/0.01mm　剪切速率 $v =$ ＿＿＿ mm/min　围压下的孔隙水压力 $u =$ ＿＿＿ kPa

变形读数		测力计	轴向应变	试样校正断面积	主应力差	大主应力	摩尔圆		孔隙压力 u	有效应力			摩尔圆		排水管	排出水量	试样体积变化
垂直		R	ε_1	A_a	$\sigma_1 - \sigma_3$	$\sigma_1 = (\sigma_1-\sigma_3)+\sigma_3$	半径	圆心		大主应力	小主应力	主应力比	半径	圆心	读数	读数	体变量
Δh_1							$\dfrac{\sigma_1-\sigma_3}{2}$	$\dfrac{\sigma_1+\sigma_3}{2}$		σ'_1	σ'_3	$\dfrac{\sigma'_1}{\sigma'_3}$	$\dfrac{\sigma'_1-\sigma'_3}{2}$	$\dfrac{\sigma'_1+\sigma'_3}{2}$			
0.01mm		%	cm²			kPa			kPa						cm³	cm³	

试验方法	高度 (cm)	直径 (cm)	面积 (cm²)	体积 (cm³)	质量 (kg)	含水率 (%)	密度 (g/cm³)	干密度 (g/cm³)	饱和度 (%)	比重	孔隙比	垂直应变
不固结	$h_0 =$	$D_0 =$	$A_0 =$	$V_0 =$	$m_0 =$	$w_0 =$	$\rho_0 =$	$\rho_{d0} =$	$S_r =$	$G_s =$	$e_0 =$	$\varepsilon_1 = \Delta h_1/h_0 =$
固结	$h_c =$	$D_c =$	$A_c =$	$V_c =$	$m_c =$	$w_c =$	$\rho_c =$	$\rho_{dc} =$			$e_c =$	$\varepsilon_1 = \Delta h_1/h_c =$

试验方法	校正面积
不固结	$A_a = A_0/(1-\varepsilon_1)$
固结	$A_a = A_c/(1-\varepsilon_1)$

其中：$h_c = h_0 - \Delta h_c$ 　或　 $h_c = h_0 \left(1 - \Delta V/V_0\right)^{\frac{1}{3}}$

$A_c = \dfrac{V_0 - \Delta V}{h_c}$ 　或　 $A_c = A_0 \left(1 - \dfrac{\Delta V}{V_0}\right)^{\frac{2}{3}}$

备注：

试验七　土的渗透性试验

一、常水头渗透试验（70 型）

班级：_____　　姓名：_____

试验小组：_____　　试样编号：_____

仪器编号：_____

土粒比重 G_s =　　　　试样干质量 m_s =　　　　m_s =　　g　　试样高度 h =　　cm

试样孔隙比 e =　　　　测压孔间距 L =　　cm

试验日期：_____年_____月_____日

试样断面面积 A =　　　cm²

土样说明：_____

试验次数 n	经过时间 t (s)	测压管水位（cm）			水位差（cm）		平均水位差 H	水力坡度 i	渗透流量 Q（cm³）	渗透系数 k_T（cm/s）	平均水温 T（℃）	校正系数 η_T/η_{20}	渗透系数 k_{20}（cm/s）	平均渗透系数 k_{20}（cm/s）	备注
		1管	2管	3管	H_1	H_2									
1	2	3	4	5	6	7	8	9	10	11	12	13	14	15	16
					3 - 4	4 - 5	(6+7)/2	8/L		10/(A× 9×2)			11×13	Σ14/n	

14

二、变水头渗透试验（南 55 型）

班级：_____　　试验日期：_____年____月____日

仪器编号：_____

试验小组：_____　　姓名：_____

土粒比重：$G_s=$　试样孔隙比：$e=$　试样高度：$L=$　cm　试样断面面积：$A=$　cm²　变水头管断面面积：$a=$　cm²

土样编号：_____　　土样说明：_____

试验次数	历时			起始水头 (cm)	终止水头 (cm)	渗透流量 (cm³)	水力坡度	平均水温 (℃)	渗透系数 (cm/s)	校正系数	渗透系数 (cm/s)	平均渗透系数 k_{20} (cm/s)
	起始时间 d:h:min	终止时间 d:h:min	历时 (s)									
n	t_1	t_2	t_2-t_1	H_1	H_2	Q	$i=\dfrac{H_1+H_2}{2L}$	T	k_T	η_T/η_{20}	k_{20}	$\bar{k}_{20}$

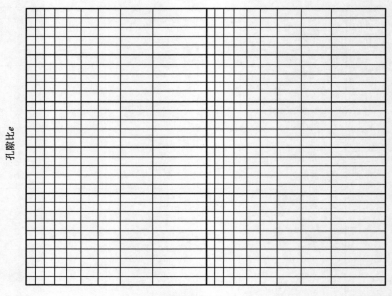

孔隙比 *e*

渗透系数 *k*(cm/s)

常水头试验 *e-k* 关系曲线

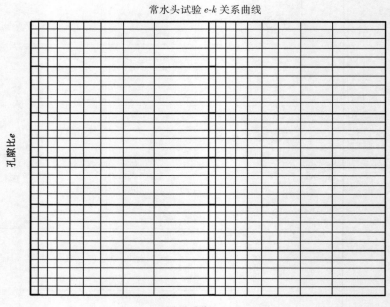

孔隙比 *e*

渗透系数 *k*(cm/s)

变水头试验 *e-k* 关系曲线

试验八 黏土矿物成分试验（差热法）

班级：＿＿＿＿＿＿＿＿＿＿ 姓名：＿＿＿＿＿＿＿＿＿＿ 试验日期：＿＿＿年＿＿月＿＿日

试验小组：＿＿＿＿＿＿＿＿ 土样编号：＿＿＿＿＿＿＿ 土样说明：＿＿＿＿＿＿＿＿＿

试样名称		试验者	
热谱编号		校核者	
试样处理		试样质量(g)	
试样在50%相对湿度下平衡时间		中性体	
升温速率(℃/min)		温度范围(℃)	
差热曲线及其说明			
鉴定结果			
备注			

试验九　静力触探试验

班级：_____　　姓名：_____　　试验日期：_____年___月___日

试验小组：_____　　工程名称：_____

操作者：_____　　记录者：_____　　计算者：_____　　校核者：_____

探头编号：_____　　探头系数：_____　　仪器编号：_____

孔号：_____　　孔口高程：_____　　孔深：_____　　水位高程：_____

深度 H（m）	锥尖阻力 q_c				侧壁摩阻力 f_s				$F = f_s / q_c$（%）	备注
	初读数	应变仪读数	校正后应变值	贯入阻力（kPa）	初读数	应变仪读数	校正后应变值	摩阻力（kPa）		

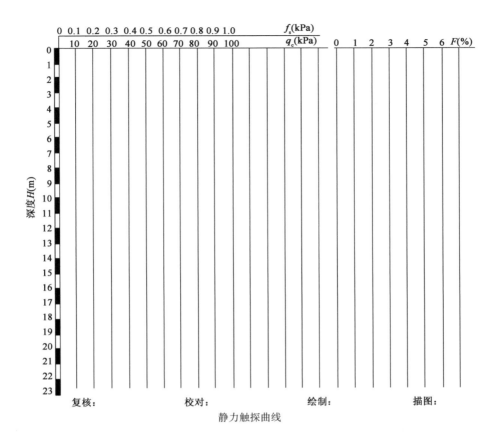

复核：　　　　　　　校对：　　　　　　绘制：　　　　　描图：

静力触探曲线